安徽省社会科学创新发展攻关研究项目（项目编号：2021CX056）

The Development Potential and Optimization Strategy of Biodiesel in China

我国生物柴油的发展潜力与优化策略研究

汤新云◎著

经济管理出版社
ECONOMY & MANAGEMENT PUBLISHING HOUSE

图书在版编目（CIP）数据

我国生物柴油的发展潜力与优化策略研究/汤新云著．—北京：经济管理出版社，2023.11
ISBN 978-7-5096-9505-0

Ⅰ.①我…　Ⅱ.①汤…　Ⅲ.①生物燃料—柴油—研究—中国　Ⅳ.①TK6

中国国家版本馆 CIP 数据核字(2023)第 244453 号

组稿编辑：申桂萍
责任编辑：白　毅
责任印制：许　艳
责任校对：王淑卿

出版发行：经济管理出版社
（北京市海淀区北蜂窝 8 号中雅大厦 A 座 11 层　100038）
网　　址：www. E-mp. com. cn
电　　话：（010）51915602
印　　刷：唐山昊达印刷有限公司
经　　销：新华书店
开　　本：720mm×1000mm/16
印　　张：13
字　　数：197 千字
版　　次：2023 年 12 月第 1 版　　2023 年 12 月第 1 次印刷
书　　号：ISBN 978-7-5096-9505-0
定　　价：78.00 元

前　言

目前，空气污染和大气问题已经引起了全球的重视。进入21世纪，在传统的环境问题治理基础上，大气问题也不断引起重视，由于温室气体的排放，全球变暖正在持续，根据联合国政府间气候变化专门委员会（Intergovernmental Panel on Climate Change，IPCC）IPCC的预计，1990~2100年，全球气温将升高1.4℃~5.8℃。多年来，全球碳排放总量持续提升，温室效应带来的冰川融化、海平面上升等一系列问题使全球各国不断加强对温室气体排放的管控。

根据中国石油集团经济技术研究院发布的《2019年国内外油气行业发展报告》，2019年中国原油净进口量首次突破5亿吨，成品油净出口量首次突破5000万吨，原油和石油对外依存度双破70%，严重危及国家能源安全。此外，由于化石燃料大量使用所致的环境污染已成为全世界所面临的重大挑战，其中，生物柴油以其优越的环保性能受到了各国的重视。

能源短缺已经日益成为当今世界经济生活中的重要难题，因为经济与社会的可持续发展与其直接相关。在化石能源存量一定的情况下，能源的消费在数量上不断增长，传统能源的不可再生性以及消费带来的环境问题，给世界造成一定的能源危机和生态危机。生物柴油作为可再生资源，不仅燃烧高效，而且污染小，能解决或缓解上述危机和问题，因而具有重要意义。基于此，以生物柴油等生物能源作为可再生能源的代表替代传统化石能源已经成为共识。欧盟、美国、巴西和日本等都不同程度地通过发展生物柴油产业来替代传统化石柴油。

结合我国能源消费特点和结构，我国未来较长一段时间内石油市场发展的问题将是柴油等主要油品的供需平衡问题。从消费上看，2022 年我国柴油的表观消费量[①]达到 2.14 亿吨，2025 年市场需求量将会突破 2.5 亿吨。从生产上看，我国柴油的生产供应量时常跟不上消费的需求，2008~2021 年，中国东部沿海地区如浙江、广东、江苏等不同程度地多次出现柴油荒，严重影响了正常的经济生活。因此，柴油供需失衡等问题的长期存在，使生物柴油替代化石柴油在我国已经具备现实意义。

基于以上分析，本书的研究目的是：①测算我国生物柴油的发展潜力。②研究这些潜力的实现在经济方面有无可操作性。③探讨政府的政策对生物柴油的发展有何影响。④思考促进和推动生物柴油产业发展可采取的策略有哪些。

本书首先分析了能源消费结构、能源消费层次、各产业之间的联动等，在此基础上过渡到对能源中交通运输业柴油的消费相对量和绝对量的比较分析；其次通过建立 ARIMA 模型估算出我国社会经济正常运行时交通运输行业柴油的需求量；最后以交通运输行业柴油的需求量为基础估算出按照不同比例替代柴油的生物柴油的需求量。结果表明，到 2030 年，我国交通运输业柴油的需求量约为 16107.79 万吨。即使以 1%、2%、5%和 10%的比例来替代，生物柴油的需求量也非常可观，说明我国生物柴油的发展有比较好的前景。

本书通过深入地分析我国生物柴油发展的背景、特征与趋势，了解了我国目前生物柴油发展各环节的现状。就我国的资源禀赋而言，生物柴油原料的种植和利用不能与粮争地、与人争粮，这个现实国情使我们必须在现有生物柴油的几种原料中有所取舍。从短期来看，我国生产生物柴油的原料主要是餐饮废油。但从

① 根据百度百科的定义，表观消费量是指某一商品当年的生产量加上净进口量再加上库存变化量，下同。

长期来看，木本油料作物将是主要的原料选择。而在木本油料作物中，又可以选择那些出油率高、果实产量大、自然分布广、生长受地理条件限制不多等比较适合开发的麻疯树、黄连木、光皮树、文冠果、油桐和乌桕六种树种，并结合宜能荒地在各省份的分布和它们的自然地理分布进行资源潜力估算，结果表明，木本油料作物的资源潜力达到 3200 万吨。同时对餐饮废油的潜力进行估算，得出其约有 150 万吨的发展潜力的结论，说明生物柴油原料总的供给潜力是巨大的。

然而，即使生物柴油原料资源和产品的供给潜力巨大，但潜力的实现却受到产业发展过程中多方面因素的制约。在对我国生物柴油发展现状进行全面把握的基础上，对生物柴油产业的发展进行技术、经济和自然条件的可行性分析，并从发展生物柴油的社会需求出发，基于区域影响、市场竞争力和外部性等经济学角度科学评价生物柴油产业发展潜力的经济性，衡量生物柴油的潜力是否值得开发。

区域的选择结果表明，我国内蒙古、四川、云南、河南、贵州、湖南等省份适宜重点开发木本油料资源，而北京、宁夏、青海等省份则应暂不开发木本油料资源。

生物柴油的市场潜力决定了产业发展潜力的实现，基于麻疯树、黄连木两种木本油料和餐饮废油作为原料的项目的数据，本书测算了它们各自的生产成本，结果表明，三种原料生产生物柴油的原料成本都占各自总生产成本的 70%以上，麻疯树生物柴油的生产成本要比以黄连木和餐饮废油为原料生产生物柴油的成本低。同时，通过比较化石柴油的批发价格发现，2009 年以后以木本油料作物和餐饮废油作为原料生产生物柴油都是具有价格竞争力的。

通过对生物柴油发展的外部性分析发现，生物柴油产业发展中在生产和消费过程中都产生了巨大的外部经济性。

生物柴油毕竟是新型产业，理论的资源潜力要转化为现实的资源潜力，需要得到政府政策的支持。而对于政府的政策支持而言，不同的政策支持对产业的发展有着不同的影响。本书通过建立资源政策对原料生产经济福利影响的模型，并以四川攀枝花市麻疯树项目的数据为基础进行实证分析，结果表明，如果同时选用价格补贴、税收政策和贷款利率三种政策工具，且对原料的价格实行有效限制，那么税率减免和低贷款利率可以较大幅度地提高生物柴油的生产经济福利。

本书基于生物柴油的巨大资源潜力，通过区域、经营风险、外部性和资源政策与产业发展的关系，找到了我国发展生物柴油产业的优化策略。具体策略是：在资源开发方面，一是需要按照区域发展的优先次序进行资源开发；二是要提升资源的适应性，而对于生物柴油企业来说，必须重视生产管理，加强技术研究。在市场推广方面，要着重提升生物柴油的品牌价值，加强产品市场竞争力的培育。在政府支持方面，要制定明确的产能目标，建立可行的补贴体系，并健全和完善相关法规。

目　录

第一章　导论

第一节　问题的提出

能源作为提供动力的重要生产要素，世界各国的政府人员、专家学者从始至终都对它都有着热切的关注。在实现经济增长的宏观目标下，每个经济体生产规模、消费数量、投资等的扩张在相当长的一段时间里已不可避免，这样就要求我们必须对能源供需的形势有清醒的认知。在传统化石能源中，石油最有可能第一个因开采而枯竭，各国在努力寻求石油产品（汽油和柴油）的替代品，这为以生物柴油为代表的液态生物质燃料产业的发展开辟了空间。欧盟是生物柴油生产和消费的主要地区，2022 年消费量已突破 1490 万吨①。美国是当今世界上石油消费最多的国家，同时也是对生物柴油进行研究最早的国家。早在 1992 年，美国能源部及环境保护局就已经提出以生物柴油等生物能源作为燃料，从而减少对传统化石能源的消费，开发生物能源的法令于 1999 年由时任美国总统克林顿签

① 数据来源：欧洲生物柴油委员会（European Biodiesel Board，EBB）（http：//www. ebb-eu. org/）。

署，生物柴油被列为重点发展的清洁能源。同时美国也对生产生物柴油的企业实施了免税等优惠政策。

生物柴油是典型的“绿色能源”，是以大豆和油菜籽等油料作物、油棕和黄连木等油料林木果实、工程微藻等油料水生植物以及动物油脂、废餐饮油等为原料制成的液体燃料，是优质的石油替代品。大力发展生物柴油在经济社会可持续发展、优化能源结构、减轻环境压力等方面都具有重要的战略意义。

为应对能源紧缺和油价震荡，生物燃料在全球范围内发展迅猛。以美国、欧盟及巴西等为代表的一些国家和地区把发展生物柴油作为解决能源问题的重要途径，制定具体的发展目标，并采取了相应的政策措施，积极推进生物柴油的产业化进程。

生物柴油在我国是一个新兴的行业，表现出新兴行业在产业化初期所共有的许多市场特征。许多企业被绿色能源和支农产业双重“概念”凸显的商机所吸引，纷纷进入该领域，生物柴油行业进入快速发展期。由于国内市场消费需求庞大，相关技术水平及标准体系已经取得长足发展，我国生物柴油产业发展潜力巨大。

近年来，国家政策鼓励生物质新型燃料的发展。2015 年国家能源局公布了《生物柴油产业发展政策》，提出要构建适合我国资源特点，以废弃油脂为主、木（草）本非食用油料为辅的可持续原料供应体系。各级地方政府为缓解能源压力、促进经济发展，积极推进生物柴油项目的开发建设。国内生物柴油市场发展势头良好，炼制项目有序推进，技术研发捷报频传，原料基地建设掀起热潮。2019 年国家税务总局发布《支持脱贫攻坚税收优惠政策指引》，实施了 110 项推动脱贫攻坚的优惠政策，其中，对以废弃动植物油为原料生产生物柴油实行增值税即征即退 70%。2021 年 6 月，国家发展改革委、国家能源局等九部门联合印发《“十四五”可再生能源发展规划》，提出大力发展非粮生物质液体燃料。积极发展纤维素等非粮燃料乙醇，鼓励开展醇、电、气、肥等多联产示范。支持生物柴油、生物航空煤油等领域先进技术装备研发和推广使用。2022 年，我国原油对外依存度达到 71.2%，原油供给安全问题已经显现，供给运输安全以及国际原油价格的波动都会对我国经济稳定运行产生影响。缓解能源安全威胁和保证经济增长是政府将目光转向液态生物质燃料产业的重要原因。

可再生能源中生物柴油等液态生物质燃料的发展也日益成为一种重要的能源发展路径。在我国石油消费问题上，在未来较长的一段时间内，我国能源市场发展的焦点和热点问题将会是柴油等主要油品的供需平衡问题。与此同时，2022 年我国柴油的消费量已经突破 2.14 亿吨，2025 年市场消费量将会达到 2.4 亿吨左右。截至目前，我国的生产柴汽比约为 1.8。[①] 从消费方面来看，能源市场的柴汽比均突破了 2.0，西南地区云南、广西、贵州等省份的柴汽比甚至已经突破了 2.5。从生产方面来看，我国柴油的生产供应数量时常跟不上消费的需求，2008~2021 年，我国东部沿海地区如浙江、广东、江苏等不同程度地出现柴油荒，严重影响了正常的经济生活。

生物柴油的原料主要有四大类别，分别是植物油、动物脂肪、含油藻类和餐饮废油。然而，我国虽然拥有丰富的耕地资源和可观的粮食产量，但是庞大的人口基数使我国绝大多数的粮食产出进入居民消费和中间产品加工环节，用于燃料加工的粮食十分有限。我国的粮食安全问题是巴西和美国未曾遇到的，2006 年前后对“与粮争地”和“与人争粮”问题的争论折射出利用粮食作物或其他可食用作物生产生物质燃料的现实问题。在这个背景下，我国逐步重视非粮生物质燃料的发展，试图通过收集餐饮废油、种植黄连木和麻疯树等木本油料作物进行生物柴油的生产，以扩大我国生物柴油的产能。因此，我国发展液态生物质燃料产业需要充分考虑资源禀赋，寻求既不影响粮食安全问题又能用来生产燃料的原

① 数据来自中国石油企业协会、对外经济贸易大学一带一路能源贸易与发展研究中心、对外经济贸易大学中国国际低碳经济研究所、中国石油大学（北京）、西南石油大学中国能源指数研究中心联合编撰的报告《成品油与新能源发展报告蓝皮书（2022-2023）》。

料。目前，世界各国生产生物柴油的原料选择因资源禀赋不同而有所差异，动物脂肪在我国被广泛用于脂肪酸制作，含油藻类的生物柴油技术水平没有得到有效突破，在不与人争粮、不与粮争地的前提下，我国能运用的生物柴油原料逐渐转移到非粮能源作物中的木本油料作物和餐饮废油上。

那么，生物柴油及其产业在我国到底是否有发展潜力？我国在资源和经济上是否有发展生物柴油的潜力？如果有潜力，哪些区域适合这些潜力的开发？哪些因素制约了生物柴油产业的发展潜力？政府要怎样去推动生物柴油的发展？本书将对上述问题做出回答，这对于我国在建设和谐社会的进程中制定正确的能源多元化与生物质能源发展战略，寻求经济与社会、资源与环境的可持续发展路径具有重要的理论和现实意义。

第二节　国内外研究综述

鉴于本书研究的目的与研究内容，文献综述从四个方面展开，即生物柴油产业发展的研究、生物柴油的资源潜力与开发研究、生物柴油的经济性研究以及政策对生物柴油发展的影响研究。

一、生物柴油产业发展的研究

在目前石油对外依存度较高的情况下，对于生物柴油产业发展的研究主要基于以化石柴油为主的柴油资源不能满足经济社会对能源的需求。国民经济中能源消费结构、消费层次的变化以及产业规模的扩张等因素使柴油需求不断增加，柴油供需矛盾的激烈引发了发展生物柴油产业和以生物柴油产品替代化石柴油的迫切需求。

Cornillie 和 Fankhauser（2004）在对中国原油生产与消费情况进行分析后指出，虽然中国原油加工量近年来不断增加，但从结构上来说，燃料油中拥有一定出口余地的是汽油和煤油，而柴油的供需缺口一直没有得到缓解。2025 年中国柴油产量预计可达到 2.23 亿吨，与需求相比缺口仍然达到 1700 万吨。2025 年预计柴油的需求量将突破 2.4 亿吨，这个需求数量与 2015 年相比增长超过 20%；而到 2030 年市场柴油需求量将会突破 2.5 亿吨左右，巨大的柴油消费需求和相对缓慢的生产量之间的矛盾，使生物柴油产业的发展具有美好的前景。

我国生物柴油的研发无论在技术方面还是在产业化探讨方面，都取得了明显的进步，但与国外生物柴油产业化水平相比仍有较大的差距。

孙振钧（2004）认为，尽管最近几年石油炼化企业的技术改造得到不断加强，柴汽比提高迅速，但离消费要求仍然很远。在经济的深入发展过程中，我国会相继启动各种国民经济重大基础项目，柴汽消费矛盾会较以往更为突出。这种背景下发展生物柴油及其产业显然十分必要。

丁一（2007）通过对生物能源产业化现状的分析得出，我国生物能源产业化存在以下问题：①原料短缺。我国因为资源禀赋和现实国情只能把原料限定为非粮作物，虽然我国利用大量的盐碱地、荒地、荒山、荒坡等边际宜能荒地种植麻疯树、黄连木等木本油料作物，但截至目前这些能源作物的种植规模尚不能满足产业化的需求。②生物能源工业体系还不健全。到目前为止，完备的生物质能源工业体系在我国还没有建立和健全，生物能源产品的研究开发能力比较薄弱，液态生物质燃料等生物能源的生产与使用尚处于技术试验阶段，技术服务体系的保障目前还不完善，缺乏独立监督和完善的产品与行业标准，产业化程度较低。③市场竞争力较弱。原料成本过高、市场流通性较差等限制因素导致生物柴油等产品的市场竞争力还较弱。

戴杜等（2005）则对我国发展生物能源产业所产生的负面影响进行了分析，他认为，发展生物能源一方面会导致国际粮食贸易量大量减少，从而引起世界粮食价格波动，对我国的粮食供给安全产生影响；另一方面发展生物能源可能会给生态环境带来消极影响，如边际土地的过度开发、破坏生物链、水质污染等会对生态环境产生破坏。

陈仲新和张新时（2000）对生物质能源产业化技术发展现状进行了分析，他们认为，首先，在生物柴油原料的生产技术方面，应该有计划地选育含油率高、产量高的能源作物进行种植，使生物柴油原料得到稳定的供应。其次，在政府的支持方面，应该把政策引导与市场机制的应用结合起来，一方面予以价格、税收和贷款利率等的支持；另一方面要充分打开生物柴油市场准入，为生物柴油产业的发展提供好的制度保障。最后，在产品生产方面，科研单位和生产企业应把科研攻关和产业创新综合起来，逐步突破关键技术瓶颈，使生物柴油的质量得到强有力的保障，综合成本稳步降低。

侯新村等（2010）认为，在产业化技术方面，首先，原料种植规模要扩大，与粮争地的国情使我国必须尽可能地开辟荒山、荒地，在不适合粮农作物生长或对粮食生产有较大限制的边际性土地上种植生物柴油原料作物，同时着力开发和收集餐饮废油资源、培育和利用含油类海藻原料。其次，要通过自主研发和引进技术相结合的办法不断改进和完善生产工艺，逐步让生物柴油的生产成本有所降低。最后，在产业发展的初级阶段，国家及相关部门应该对产业予以扶持，通过财政和税收等政策使生物柴油产业中的各经济主体享受到政策优惠，从而更好地实现产业化和规模化。

龚志民（2006）总结了生物质能源产业发展所需要的技术研发、市场机制及政府职能的作用，他认为，要运用经济手段和财政扶持政策推动生物质能源产业的发展，主要措施包括投入国债资金、实施税收优惠政策、建立并优化财政补贴机制等。

黄季焜和仇焕广（2010）对液态生物质燃料产业化发展可能产生的消极影响进行了分析，他认为，对于液态生物质燃料的开发利用需要保持理性，在全面评估与加强监控的前提下，政府对于产业的发展应该是引入竞争、加强企业创新，从而提高产品的市场竞争力，逐步发展国内的成品油市场，待到稳步发展后再在世界范围内开展合作和交流，在技术、质量和标准上不断促进我国液态生物质燃料的技术发展，进而稳步推进生物柴油在我国的产业化发展。

另外，曹彦军（2008）对我国产业政策进行了分析，他认为，在目前我国生物能源产业发展的阶段和水平下，政府要给予持续的产业政策支持，对产业发展的扶持力度也必须加强。

二、生物柴油的资源潜力与开发研究

发达国家开发和利用生物质能源的实践活动已经有较长的历史，同时，它们在这些实践中掌握了大量先进的技术和丰富的经验，因此，我国可以大量研究和借鉴相关资料、技术、经验，用以发展生物质能源产业。世界各国近年来相继制订生物质能源的开发利用计划，同时相关实践研究也陆续展开，通过建立各种能源基地不断进行能源植物特性的研究以及引种栽培技术的推广。通过不断深入对生物质能源开发规模和利用技术的研究，逐渐改变了原来研究的方向和重点，最开始集中于原料供应系统的数量研究，现在着重从经济角度分析，同时重点研究了生物质能源化生产的产业规模、开发利用的经济性和产业发展的可持续性等问题。

对生物质能源开发和利用潜力方面的研究进行总结后可以发现，Richardson等评价了森林资源能源化利用和管理的可持续性，他们主要是从林业行业的生产能力、开发利用技术与相应的经济条件、环境影响、社会问题及政策法规的对比进行相关分析的，研究发现，森林生物质资源能源化利用的最大障碍是在大范围内获得森林资源需要花费较高的成本。在生产潜力方面，Edward M. W. Smeets等进行了相关研究，他们主要评估了 2050 年全球林木生物质能源的生产潜力，通过对森林生物质资源的供应和需求进行相应的比较，对林木生物质能源生产潜力

及其开发利用的未来趋势进行了着重关注，并在不同的技术、经济和生态要素条件对林木资源供应的制约条件下设置了林木生物质能源的市场需求、资源产量等比较关键的变量，并以此为依据展开了自上而下的系统分析。Even Bjornstad 则是采用了工程经济的方法来评价利用挪威 North-Trondelag 郡的林木资源进行能源生产的潜力。

Hiromi Yalnamoto 和 Kenji Yamaji（2001）通过相关研究认为，能源油料植物资源潜力的决定因素是能利用的宜能土地面积和能源植物果实的产出水平，他们通过建立 GLUE 模型模拟和评价发达国家及发展中国家的生物质燃料后发现，原料的供应能力取决于土地种植能源油料植物的面积与在相应土地面积上该能源植物的单位产出水平的乘积，同时发现，在收集和获取生物质资源方面具有收集半径大、运输成本较高等特点，具体的数值大小取决于该能源油料作物的生态分布特征。

国外生物质能源原料供应的研究成果中对影响因素方面的考虑是值得借鉴的，为研究我国木本油料能源开发原料供应系统中存在的风险因素提供了参考依据。

目前，我国发展生物柴油的资源潜力主要取决于能利用的宜能土地面积和能源植物果实的产出水平。因此国内学者对于生物柴油资源潜力的研究主要是从这两个方面展开的。

刘轩（2011）从木本油料作物的资源潜力出发，分析了在我国在边际适宜性土地上种植木本油料作物的可行性，梳理了木本油料能源产业发展的特点，并进行了相关规律性分析，在对我国相关示范性项目案例的成果与经验进行综合的基础上，着重分析了我国木本油料能源树种的资源开发潜力，并分析了生物柴油产业发展的优势，对我国木本油料能源树种的资源潜力、原料供应能力与供应模式、木本生物柴油市场潜力等进行了多角度的论证，认为我国木本油料能源产业的发展具备一定的可能性。此外，对我国木本油料的基地生产进行了相应的论证，并运用了一系列示范性项目案例，还对运用木本油料资源生产生物柴油的经济可行性与技术工艺可行性做了适当的考量。

沈金雄等（2007）认为，我国用来种植油菜的土地约有15亿亩，具体分布在长江流域这一地带的冬闲田，油菜的种植不仅增加了农民收入，而且使生物柴油的原料得到增加，使菜籽油的资源潜力增加到30万吨。长江流域有约15亿亩冬闲田。麻疯树、黄连木、文冠果等作为我国特有的木本油料植物资源，可以在14亿亩宜林后备土地上进行种植。他们认为，在2015年以后初步解决生物柴油原料供应问题是有可能的。利用资源丰富的秸秆类农林生物质生产“第2代生物燃料”FT柴油，在美国被认为是解决能源问题的四项措施之一。

王汉中（2005）认为，在我国，木本油料作物是生物柴油最理想的原料，因为生物柴油的化学组成、适应范围与柴油很相近，同时其生产能做到不与粮争地，具有独特的优势，这样既兼顾了国家能源安全和粮食安全，又有力地促进了相关产业如农业和制造业等的发展。地理上我国幅员辽阔，地域跨度比较大，有着不同的水热等环境资源分布以及丰富多样的能源植物资源种类，可以通过结构调整将退耕还林和发展木本油料植物结合起来，把生物柴油原料基地建立起来，种植与开发特色高产工业油料作物，带动与发展农村及周边地区的经济。李远发等（2009）表示，麻疯树等木质油料在我国西南地区的种植面积扩展迅速，这些油料树种的籽含油率约达到50%，全国试点种植的省份有西藏、四川、贵州、云南等，这些省份的麻疯树种植面积约为15万公顷，2015年将达到30万公顷以上。

在边际土地开发方面，寇建平等（2008）认为，边际土地资源在我国数量巨大、分布较广，通过调查可知边际宜能荒地在全国各地的具体分布如下：2000万公顷左右的有新疆、内蒙古等；盐碱地方面，超过400万公顷的有青海、新疆；在沼泽地方面，超过200万公顷的有黑龙江、内蒙古等；田坎地方面，甘肃、四川、重庆等均有分布；在宜林荒地方面，东北三省、内蒙古、新疆、甘肃、陕西均有分布。这些地区中有的计划进行大规模集约化种植和开发，有的则进行分散式种植和开发。

另外，程品等（2011）认为，我国植物油脂及动物油脂资源比较丰富，植物油每年要消耗1200万吨，皂脚酸化油每年可直接产生250万吨，在大中城市餐饮业中每年可产生500万吨地沟油。这些垃圾油中，一部分被作为废物进行了处理，也有一部分经过加工重新流入餐饮业，对人体健康产生危害。如果能将资源用于生物柴油的生产，那么生物柴油的市场潜力将会有巨大的提升。

三、生物柴油的经济性研究

国内外对生物燃料的经济性研究主要是从生物柴油产业的发展对于石油安全、“三农”问题的影响以及环境、食品安全等方面的收益着手的。

Rask（1998）用ORNL生产成本模型对美国能源作物的生产成本、供应曲线和运输成木等进行了经济性分析。Marland和Obersteiner（2008）利用产出模型对瑞典柳木生物质能源林的经济性进行了分析。

近年来，国外学者做了许多工作，特别是在生物柴油生产的经济可行性评估方面，他们分析了影响生物柴油生产成本的各种因素和灵敏度，得出了影响生物柴油生产成本的主要因素是原料费用、生产工艺、甘油价值和生产规模。

Haldenbilen和Ceylan（2005）介绍了生物柴油的生产、贸易情况。

Bruce（2007）认为，生物柴油的生产成本随原料的价格和种类、甘油价值、生产技术的改变而改变，他们通过设计计算机模型的方法估计了一个中型生物柴油企业的经营成本。

Doroodian和Boyd（2003）建立和运行投入—产出模型，计算出影响生物柴油生产数量的因素中资本、产出和劳动力各自的弹性，并将生物柴油的生产与克罗地亚国民经济相结合，发现它们之间有着正相关关系。

范英等（2011）从社会成本收益的角度出发分析了液体生物质燃料在填补传

统化石燃料供需缺口方面所产生的经济社会影响，认为发展液态生物质燃料产业能产生巨大的社会收益，相比于其产生的社会成本而言，政府有必要通过补贴等政策大力支持液态生物质燃料产业的发展。

吴方卫和汤新云（2010）对液体生物质燃料的社会经济影响进行分析后认为，石油安全是我国发展生物柴油等液态生物质燃料产业的主要驱动因素。液态生物质燃料产业（包含生物柴油原料生产以及其相关保障产业，如能源农业和能源林业）的发展逐渐得到世界各国的重视，石油的供应安全是它们的共同目标。他们认为，我国的能源安全特别是石油安全形势随着石油对外依存度的日益增强而严峻起来，在此过程中，许多国家有非常多的顾虑：认为世界石油资源过度依赖于中国巨大的石油需求量。我国经济运行中能源的消费能否依靠自产的石油和石油替代燃料呢？经过一系列的经济资源分析，他们认为，我国的煤炭、石油和天然气等传统化石资源总量是有限的，且国内油气资源开发的年限是一定的，可再生资源和潜力巨大的生物柴油等液态生物质燃料的生产将会受到越来越多的关注。

王仲颖等（2010）从产业链的角度出发分析了我国生物柴油从原料种植到产品加工的整个过程，研究结果表明，我国“三农”问题的解决可以从发展生物柴油产业这样一个新的方面来进行。他们认为，促进生物柴油产业的发展可以带来以下几点好处：①促进经济发展，主要是可以改善农业经济和林业经济。假若生物柴油产品的生产量在2020年达到1900万吨左右，在此产业链过程中除去生产企业，其他经济体如各级政府和市场主体将获得1000亿元左右的产值。如果液态生物质燃料的产量在2050年突破1.05亿吨，那么相关产值将达到5000亿元，同时还可以提供不低于1000万个就业岗位（主要是能源农林业接纳的就业），农村经济将会因此得到较大的发展。另外，通过投资发展液态生物能源产业（主要是投资产业建设、复耕荒地和培育树种等）也可以带动国民经济的发展，预计能达到1万亿元产值。通过计算可知，传统化石能源产业的投资强度（即产值与投资的比值）（大约为1：2.5）一般都低于生物能源产业（大约为

1∶2)。②就业的改善，特别是农村地区的就业。在能源农林建设过程中将创造1000万个以上的岗位，农村的劳动力将是主要力量，生物柴油产品生产企业也可以吸纳大量技术研发人员、管理人员就业，这有利于缓解农村和城镇劳动力的闲置问题。③有利于城镇化建设。我国发展生物柴油产业将有力地支持城镇化建设。首先，城镇化建设在我国的发展对于人均能源需求量的提高有着显著的影响，表现为人均燃油需求量的提升。其次，生物柴油产业所带来的产业建设和创造的就业机会正好迎合城镇化建设的需要（从某种意义上来说，农村向城镇的移民浪潮正需要这些农村就业机会的增加来缓冲），生物柴油的发展在这些方面都可以发挥作用。

范英和吴方卫（2011）也从液态生物质燃料的生态效益的外部性角度出发，分析了发展液态生物质燃料产业的显著生态效益。他们通过对减排、绿化和固态氧氮等的分析指出，液态生物质燃料的大规模发展过程中相关产品和原料的生产与消费不仅对于绿化荒山荒地、减轻土壤侵蚀和水土流失有着明显的作用，而且生物柴油等液态生物质燃料的生产和消费对于保护和改善我国大气环境也具有积极影响。因为从消费的特征来看，与传统化石能源相比，在减少氮氧化合物等大气污染物排放方面，液态生物质燃料有着明显的优势。同时由于原料的种植可以吸收二氧化碳和排放氧气，从而在自然界形成良性的碳循环。假若生物柴油等液态燃料的消费量突破1.05亿吨[①]的话，使用液态生物质燃料可绿化约3000万公顷荒山荒地，减排约3.1亿吨二氧化碳。

汪浙锋和沈月琴（2010）通过分析发现，市场潜力和市场定位取决于生物质能源产品性质的不同；即使是同质产品的市场潜力，其不仅受产品技术发展状况的影响，而且受能源区域的需求趋势、能源区域的消费习惯、区域经济发展水平

① 这一数据基于2005年“中国能源中长期开发利用前景分析”研究项目，在情景分析中，生产生物柴油的原料以能源林业为主，生产乙醇的原料以能源农业为主。其中，预计2020年、2030年、2050年的开发量为0.039亿吨、0.079亿吨、0.16亿吨燃料乙醇，0.15亿吨、0.33亿吨、0.89亿吨生物柴油。

的影响。

对于生物柴油的经济性，国内外争论不一，在很长一段时间里，特别是2008年以来石油价格虚高的时候，生物柴油等液态生物质燃料的收益被无限夸大，研究生物柴油等液态生物质燃料替代化石燃料的经济性等方面的文献比比皆是。然而，石油价格大幅下跌的时候，对于生物柴油等液态生物质燃料的机会成本的研究又开始兴起，如发展生物柴油等液态生物质燃料会导致粮食危机、成本过高等研究结论密集地见于学术报端，细究起来发现多数的研究是自相矛盾的，这也使我们在发展生物柴油等液态生物质燃料的方向上陷入了迷茫。

四、政策对生物柴油发展的影响研究

（一）国外生物柴油发展的政策影响

Hillring（1998）通过分析得出技术对于生物能源的生产、开发与消费有着重要作用，在这方面政府可以发挥重要的推动作用，他认为，通过对研发的支持、对信息传播的鼓励、行政政策和经济刺激的出台等措施，政府大力推动了液态生物燃料产业的发展。

Lawrence 和 Stanton（1995）对生物能源的外部性进行研究，他们认为，生物能源政策的核心应该是公共利益，而生物能源作为“一定的公共产品”，需要把生产成本通过适当补偿如减免税费征收等手段分摊到其他能源产品中。

Wiser（1998）从融资过程和产业政策稳定性的角度出发分析了世界各国在制定生物燃料政策具体过程中的行为，认为政策对于生物燃料产业发展的融资和稳定性有着很大的影响，减少投资风险，实施财政保障措施是政府可以采取的方式。

Rave（1999）通过分析认为，对于可再生能源投资而言，各金融机构还需要一个理解的过程，可以同时使用多种方式进行分散投资。对于政府而言，政策特别是能源需求和相关政策的引导可以促进市场投资的增多。

Daryll（2000）主要从影响生物燃料产业的因素中的政策因素出发，研究了生物能源的生产和消费以及当地农业政策的影响，并建立了 POLYSYS 模型计算其影响力度。

Nwaobi 研究了减排政策的重要作用，利用尼日利亚的数据，运用一般均衡模型进行了实证分析。

Weidou 和 Johansson（2004）反思了能源供应和消费政策在中国的实施和应用，认为中国经济和社会可持续发展的能源需求在政策上并没有得到匹配，由此通过分析提出了他们的政策和建议。

Mark 和 Agapi（2007）等针对发展能源林的环境和经济目标建立政策模型来评价资源政策的作用，得出政策工具的实施对于环境与经济目标有着显著的作用，具体表现为：①在环境方面，政策的实施对环境有着不同的作用，一方面，政策促进能源林的建设，在减排等方面有着正生态效应；另一方面，进行大规模土地开发、破坏生物链又给环境带来了一定的负生态效应。②在经济目标方面，政策的实施也有着两面性：一方面，促进和推动生物柴油等能源的原料发展，可以带动农林经济的增长；另一方面，机会成本的增加也加重了人们对于经济目标实现的疑虑。

Pimentel 和 Patzek（2005）将经济福利作为目标变量，研究了政策工具对整个产业链的影响。他们以德国的生物柴油产业发展为例，把生物柴油产业链里各个经济主体的行为进行了分解，并以效用最大化为目标，通过政策的实施，测度了各经济主体效用的变化，认为政策的实施对于生物柴油原料生产者效用的影响最大。

Sue（2008）针对森林资源的经济利用政策建立政策模型，把政策当作工具变量，以经济福利为目标变量，并对各政策的作用效果作了进一步分析，得到了经济福利会随着政策工具实施的力度的不同有所变化的结论。总体来说，经济福利的改变与政策工具有着紧密的相关关系。

（二）国内生物柴油发展的政策影响研究

国内的生物柴油政策相对于燃料乙醇而言是比较少的，因而关于政策对于生物柴油产业发展的影响的研究相对较少，且主要集中在政策的扶持帮助上，而建立模型测度政府工具对产业发展的影响的研究则更少。

仇焕广等（2009）研究了我国生物能源发展的相关政策，指出生物柴油原料能源林培育的相关政策已经施行，但缺少针对木本油料作物的专门立法和其他配套的政策。

王建（2010）也指出国家针对发展木本油料能源作物的财政投资、信贷、税收优惠和补贴等虽出台了一系列相关政策，但扶持力度不够，不能激励和调动种植木本油料能源作物的积极性，缺乏促进木本油料能源作物为原料的生物柴油产业发展的配套政策。

吴伟光和黄季焜（2009）通过建立静态博弈模型和多目标规划模型进行分析，指出政府不施行任何倾向性的政策，仅依靠市场作用，很难实现木本油料作物等产业和产品的市场繁荣，但仅依靠政府的政策也是不够的，还要从控制产品生产成本等其他因素方面寻找途径，如资源因素、技术因素等。

姚专和侯飞（2006）针对我国能源供应紧张和化石能源储量不足的现实，对我国生物能源、太阳能、水能等的现状进行了分析，深入研究了我国可再生能源、核能等领域的财税政策，给出我国需要发展液态生物质燃料等可再生能源逐步替代化石能源的建议。

田宜水等（2008）通过调查分析发现，发展以生物燃料为主的新能源交通动力系统与我国的资源和能源状况是匹配的，鉴于我国是世界第二大能源和汽车消费国，建议大力发展新能源汽车，并且从国家能源安全、降低能源风险的角度提出了很多建议。

五、文献述评

对于生物柴油产业的发展而言，国内外的研究主要集中在对生物柴油产业发展的现状及问题的定性分析方面，而对于产业发展的各种制约因素缺乏量化分析。

在生物柴油的资源潜力方面，国内外的研究主要集中在资源潜力总量的定性推测，或是对某一原料的前景作定性的预测，而很少有对这些存量潜力的量化测算。另外，因为生物柴油资源潜力的决定因素分别有三个，分别为原料的适宜性土地的数量、单位面积原料的产量、产品的生产加工能力，现有文献要么考虑一个或两个因素的影响，而很少能把三个因素放在一起考虑。此外，对于生物柴油产业的发展潜力的经济性也鲜有考虑，因此无法从社会经济的实际出发定量地考察这些潜力有无开发的可能，这也是本书的研究方向之一。

国内外对于生物柴油产业发展的经济性的研究主要集中在生物柴油的市场竞争方面，对于资源潜力的区域性的选择开发等则少有论述。

对于产业发展潜力的外部性来说，国内外对于外部经济的定性研究较多，定量分析比较少。

对于政策的研究，国内外文献一般都是在政策建议中提到要建立和健全相关法规等，但是政策工具的实施到底能给生物柴油产业中生产企业的经济福利带来什么变化、应实施什么样的政策或政策组合，已有的文献却少有提及。

综上所述，笔者认为已有研究还有以下几点不足：①在逻辑思路上，目前对于生物柴油的研究主要是从生物柴油原料自然特性的角度去描述资源种类的分布特点、调查统计资源存量，而在资源潜力、政策工具和开发机制方面则相对落后。②在研究内容上，对于生物柴油的研究集中在资源潜力上，而对于潜力的开发能否实现、能开发多大的潜力、值不值得开发，则没有或很少有研究。③在研究层次上，现有的研究对生物柴油产业发展缺乏长期性、系统性、深入性的认识，其研究结果在生物柴油的资源开发中得不到有效利用，具体表现为在技术领域取得的研究成果无法在产业中得到有效推广和应用。④在研究范围上，国外的相关研究虽然不少，但研究范围主要是美国、欧盟等发达国家和地区，而对于中国的研究则甚少。

为此，本书将针对目前国内外研究中的不足，在对我国生物柴油发展的有关背景进行全面回顾的基础上，通过构建理论模型与进行实证分析，对生物柴油的发展潜力进行深入探讨，并提出我国发展生物柴油的可行策略，为我国政府部门应对生物柴油发展的制约和影响因素以及我国未来的生物柴油发展战略提供科学的政策建议。

第三节　本书的逻辑思路、研究内容与研究方法

我国的能源供求在当前乃至以后的相当长一段时间内存在着较大的矛盾，作为替代能源和可再生能源的生物柴油及其发展对于我国社会经济的影响与作用不言而喻，本着对这一背景的理解和把握，本书的逻辑思路和研究内容如下：

首先，分析了能源消费结构、能源消费层次、各产业之间的联动等。其次，通过交通运输业柴油的消费相对量和绝对量的比较分析，估算出我国社会经济正常运行时交通运输行业柴油的需求量，以此作为生物柴油替代化石柴油等对能源安全重要意义的体现。再次，通过深入地分析我国生物柴油发展的背景、特征与趋势，了解我国目前生物柴油发展潜力的现状。其中，通过对生产原料的地理分布、资源存量、开发现状、利用潜力的分析，基于原料的自然地理分布和经济的制约条件筛选出适合作为生产生物柴油主要原料的品种，并进行潜力估算，进而在对我国生物柴油发展进行全面把握的基础上对生物柴油产业的发展进行技术、经济和自然条件的可行性分析，从发展生物柴油的社会需求出发，基于区域影响、市场竞争力和外部性等的经济学角度科学评价生物柴油产业发展潜力的经济性，衡量生物柴油的潜力是否值得开发。最后，生物柴油产业毕竟是新型产业，

理论上的资源潜力要转化为现实的资源潜力，需要得到政府的支持，然而怎样施行生物柴油的相关政策，使生产厂商的经济福利得到提高进而愿意提供并生产规定目标的生物柴油值得深究，本书通过建立相关模型对生物柴油政策实现的可操作性进行了更深一步的论证。同时本书通过对生产生物柴油的资源的相关政策进行实证分析，用其结果来科学引导政府对生物柴油原料和产品生产企业发展的支持策略进行选择和设计，并为制定生物柴油发展的近期和中长期规划提供政策建议。

本书的技术路线如图 1-1 所示。

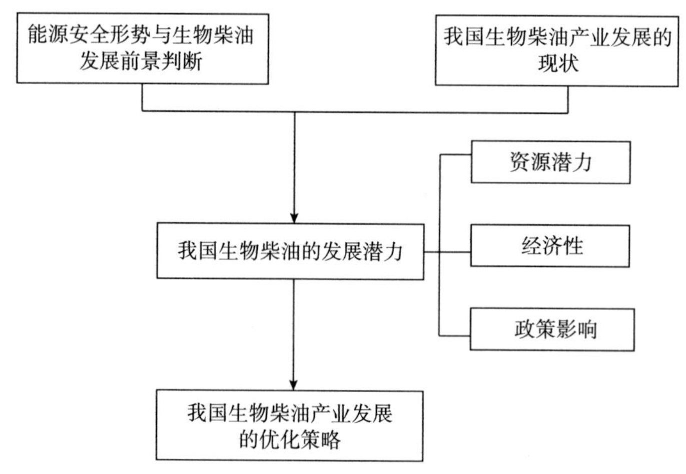

图 1-1　本书的技术路线

本书的研究方法如下：

根据本书设置的研究内容和目标，笔者在已有数据和资料的基础上，进一步收集国内外有关数据和资料，在掌握更丰富、全面以及新发布的数据和资料的基础上，对数据和资料进行定性、定量和实证分析，阐述我国发展生物柴油的原料供应潜力以及发展该产业的技术和经济可行性；利用理论分析和案例分析相结合的方法，通过对国内外有关资料的纵向和横向比较，在对国际上发展生物柴油先进国家的经验进行评价和数据分析的基础上，提出适合我国国情的发展生物柴油的总体思路，通过对支撑生物柴油产业发展和政策等层面需求的分析，提出产业发展策略和政策保障措施。

第四节 本书可能的创新与不足

一、可能的创新

与同类研究相比，本书在以下几个方面可能有所创新：

（一）研究视角

本书分析了生物柴油产业发展的宏观和微观状态后发现，该产业的发展潜力是巨大的，但在我国的现实条件下，其潜力的实现存在各方面的制约。在对生物柴油产业发展进行经济性分析的背景下，从区域选择、市场潜力和外部性视角评价产业发展潜力的可行性，并提出相应的发展策略。这个视角具有一定的创新性，能够为决策部门提供较为全面的发展思路和建议。

（二）研究内容

1. 生物柴油需求的测度

利用模型测算了我国交通运输行业 2013~2021 年的柴油需求量，以此为基础得出我国生物柴油在以不同比例替代交通运输业柴油后的需求量，为我国生物柴油的发展潜力提供了支撑。

2. 发展区域的选择

对木本油料作物的发展区域进行了分析，运用模糊综合分析模型得出我国适合重点发展、基础发展和暂不发展木本油料作物的区域，为我国生物柴油的发展策略的提出奠定了基础。

3. 测度政策对生物柴油生产经济福利的影响

通过构建资源政策与生物柴油原料生产主体的经济关系模型来测度政府政策工具的实施给生物柴油产业发展主体经济福利带来的变化，从而为科学合理地实施政策工具提供了理论支持。

二、存在的不足

由于积累不足，或者说本书研究在许多方面还不够深入，存在许多不足，因此需要在今后的研究中加以克服，具体表现在以下几个方面：

（1）由于我国的液态生物质燃料产业发展处于起步阶段，可收集到的数据和相关资料有限，尤其是利用边际土地开发非粮生物质燃料的相关数据十分缺乏，在研究中较多地运用了估算和推导等方法进行模拟研究。

（2）在对生物柴油产业发展潜力的经济性分析中，本书只是从发展的区位选择、市场竞争和外部性三个角度来分析的，实际上对于其经济性的分析还有很多其他的角度，如可以从社会成本收益的角度进行分析。另外，在资源潜力的开发中，土地是一个很重要的因素，本书因为一些原因把边际土地面积及其潜力的开发当作了一个静态的存量，而没有对土地的开发潜力影响因素进行动态量化测度。

（3）在政策工具中，本书测度了政策工具变化对原料生产者经济福利变化的影响，但是由于种种原因只研究了实施政策工具对生物柴油产业发展的影响，对于其他主体如生物柴油生产企业和消费者则没有涉及。

第二章　相关理论综述与分析

第一节　基本概念界定

一、发展潜力

《中国大百科全书》对“潜力”的定义是潜在的能力，“发展”是可持续发展。发展潜力是指未来的可持续发展能力，是指产业和产品生产企业可预期的价值和生产能力，也就是产品能为消费者带来的潜在效用和产品生产企业在市场空间中的内在发展趋势。

发展经济学中发展潜力的含义主要为：①资源潜力，是指在现有维持可持续发展的前提条件下，其产业发展所需资源具有的潜在供给能力。②经济潜力，是指在现有经济、社会、生态环境以及制度等诸要素充分利用和有效支配的前提下的产业规模和产品产量。

基于上述定义和含义，本书认为，生物柴油的发展潜力是反映生物柴油产品及其产业未来可持续发展能力的指标，表现为产业的资源开发潜力、区域发展选择、市场潜力、外部性影响等是否具有生物柴油可持续发展的动力。

二、生物柴油

本书所指的生物柴油，又称脂肪酸甲脂，是从植物油、回收厨用油或者动物脂肪中提取的长链脂肪酸烷基酯。德国工程师鲁道夫（Dr. Rudolf）于 1895 年提出生物柴油的概念，具体是指原料为各类动植物油脂，通过与甲醇或乙醇等醇类物质的交脂化反应进行改性，最终使其变成可供内燃机使用的一种燃料。

鉴于国际和我国生物柴油直接替代化石柴油的通用和实际做法，本书所指的生物柴油，是在性能上可以完全替代传统化石柴油的生物燃料。

三、能源安全

“能源安全”概念在 20 世纪 70 年代被提出，之后经济增长及环境的变化对各自经济体能源供需的平衡提出了越来越多的要求，因此，其定义也在不断发生着改变。对于能源安全的重要性和概念，各国和地区的理解并不一致。在经济学、国际关系与政治学、环境科学等学科中都能找到能源安全的热点问题。从理论上来说，能源安全研究不是一个纯理论性的研究，因为它没有一个理论框架，而是各国家和地区政府为了维护国家利益进行的对策性研究。

能源安全的概念主要来源于经济学文献，一般认为能源安全事关整个国家的能源消费。从外部性来看，消费进口能源实际上会导致能源安全问题。既然把它归结为外部性问题，那么解决能源安全问题就不能完全依靠市场机制，政府的干预和措施显得十分必要。从这个角度出发进行研究为政府参与解决能源安全问题提供了一个理论依据。

本书所指的能源安全，是指为了解决柴油等化石能源的供需矛盾从而进口国外能源造成对外依存度过高，进而引起的能源供应问题。

第二节　区位选择与原料开发

一、工业区位论

1909年，韦伯[①]出版了《工业区位论：区位的纯理论》，在这本书中他按照不同标准对区位因子进行了区分：一般区位因子和特殊区位因子。其中，一般区位因子是指那些影响各种工业生产区位的因素，而特殊区位因子是指那些只影响特定工业生产区位的因素。区域性因素、集聚因素和分散因素是按作用方式划分的。其中，区域性因素指对工业生产分布产生影响的因素，集聚因素是使工业生产向特定地点集中的促进因素，分散因素则与集聚因素相反。

他通过分析指出，生产成本的大小决定工业区位的选择，生产成本最小才是选择理想工业区位首要考虑的。尽量减少运费可以使工业生产成本最小，可以联系运输距离以及原材料的情况，不考虑运输里程，对工业区位具有决定性意义的一般是原材料的性质。韦伯创造性地把原材料划分为遍在性原料和地方性原料。到处都有的原料，如水、空气等为遍在性原料，工业区位的选择对其依赖性不大。而那些只分布在特定地点的原料即为地方性原料，它会对工业区位的选择产生重要的影响。

通过介绍和引进原料指数的概念，韦伯解决了工业区位到底是指向原材料地还是市场的问题，以及计算了指向的强烈程度，具体公式如下：

原料指数（MI）= 生产总耗用地方性原料重量/产品重量

① 近代工业区位论的奠基者，德国经济学家。

当 MI>1 时，工业区位是原材料地指向；当 MI<1 时，是市场指向；当 MI=1 时，是自由指向。

韦伯为了分析不同的工业区位同劳动力费用的关系，提出了“劳动成本指数”的概念，即劳动力成本与产品重量之比。但是，劳动成本指数只是判断劳动力费用指向性的因素，而非决定因素。

二、区位选择的决定

（一）运费对工业区位选择的基本定向

对于生物柴油产业来说，生产所需的原料如黄连木、麻疯树等，现今都是只分布在特定地点的原料，地方性原料特点很明显。工业区的选择严重依赖于地方性原料，在工业过程中使用的地方性原料越多，工业区位选择就越要求接近原料，用以节约原料的运输成本。当然，运输成本并不单指原料运输成本，也应该包括将产品运输到市场的费用。生物柴油企业的主要产品——生物柴油，作为一种非可再生资源的替代产品，它的市场是极为庞大的。即使不以全国市场为依托，周边市场对于该产品也有着极强的消化能力。所以现有众多生物柴油企业都以原材料地为运费（指向原材料地）为基本定向。

（二）劳动力成本对运费定向区位的修正

在单纯考虑了运输费用对工业区位的影响后，我们还要考虑劳动力费用的影响。如果企业从运费最低点迁到劳动力费用低廉且劳动力供给充裕的地方，而这一地点所增加的运费与所节省下来的劳动力费用相比不划算时，离开或放弃运费最小点，转到具有廉价劳动力的地方可能是好的选择，运费定向区位在这种情况下会产生偏移。

第三节　市场竞争力与发展潜力

一、市场竞争的核心要素

市场竞争的核心要素是价格。产品的生产、消费、流通在市场上的交集就是价格。因此，需求、供给与价格组成的市场要素最终的落脚点还是价格，它是产品市场运作稳定和流畅的灵魂与基础。

二、市场竞争力与发展潜力

市场竞争力与发展潜力有着一一对应的关系。需求巨大表明产业发展有着很强的必要性，因为只有市场对产品有了巨大的需求，产业的发展才有前途。同时，供给潜力巨大表明产业发展有现实可行性，供给给产业发展潜力的实现奠定了良好的现实基础。价格竞争力决定了发展潜力的实现，因为只有价格具备竞争力，才能保证产业的利润，才能吸引企业进入产业，产业的规模才可能扩大，产品的产量才能增加。

第四节　外部性效应

一、外部性的基本内涵

外部性的概念源于马歇尔的思想，庇古随后对其进行了定义，科斯在马歇尔和庇古的基础上加以丰富和完善。到目前为止，学术界还没有统一的解释来定义外部性，其中有三个主流视角的解释，分别是市场与非市场视角、主动与被动视角和差额视角。当行为主体对另一个行为主体产生的影响不是通过市场机制实现时，就会出现外部性，也就是说，除去包括价格在内的市场联系，两个行为主体之间建立的关联都有可能是因为外部性而产生的，这是市场与非市场视角的观点；当行为主体被动地接受另一个行为主体所带来的影响时，就出现了外部性，衡量外部性的准则集中在是否为被动上，这是主动与被动视角的观点；当个人收益和社会收益不对等时，外部性是直接和根本原因，这是差额视角的观点。具体如表 2-1 所示。

表 2-1　外部性的定义

视角	定义	缺陷
市场与非市场视角	一个行为主体不通过市场（价格）而对另一个行为主体产生影响	范畴狭小，价格机制无法解决，可以用税收等机制替代解决
主动与被动视角	在没有获得接受者同意的前提下，实施者将行为强加于接受者并造成影响	无法解释用强制手段解决外部性的制度安排
差额视角	个人收益（成本）与社会收益（成本）出现偏差	定义准则稍显迂回

根据不同的标准，外部性有以下分类：正外部性与负外部性、技术外部性与金融外部性、生产外部性与消费外部性、简单外部性与复杂外部性、帕累托相关的外部性与帕累托不相关的外部性、公共外部性与私人外部性等。

可以利用式（2.1）分析外部性：

$$F_j = F_j(X_{1j},\ X_{2j},\ \cdots,\ X_{nj},\ X_{mk}) \tag{2.1}$$

其中，j 和 k 是指市场上不同的经济行为主体，F_j 表示行为主体 j 的福利函数，X_i（i=1，2，…，n，m）是指经济主体所进行的经济活动。j 表示的是外部性的实施主体，k 表示外部性的接受主体。由于 j 的经济活动 X_{mk} 对 k 产生了影响，而这种影响是 k 被动接受的，且无法在市场规律中直接体现，那么 j 对 k 就产生了外部性影响。

进一步分析，当实施主体 j 的经济行为 X_{mk} 对接受主体 k 产生了不利影响，或造成 k 付出更多的成本，那么实施者 j 对接受主体 k 具有负外部效应，即当 $\partial F_j/\partial X_{mk}<0$ 时，j 对 k 产生负外部性；当实施主体 j 的经济行为 X_{mk} 对接受主体 k 产生了有益影响，或让 k 获得了更多的收益，那么实施主体 j 对接受主体 k 具有正外部效应，即当 $\partial F_j/\partial X_{mk}>0$ 时，j 对 k 产生正外部性。

二、外部性的结果

经济活动行为的社会影响与个人或私人的影响的差额其实就是这种经济活动的外部经济性或外部不经济性的结果。如果从成本的角度来看，外部成本就是由外部的不经济性表现出来的，用数据来看表示的话，就是社会成本减去私人成本的差值。经济学定义的“私人”或“个人”是一个主体，可以是一个生产者、消费者、家庭以及政府等，个人的行为和决策是独立进行的。私人真正发生支付，蕴含在产品或服务价格之中的成本是私人成本。外部成本一般不反映在价格信号上，而是游离于私人成本之外。经济学一般认为，私人成本与外部成本相加才是社会成本，因此它是一个和值的概念，换个角度说，该个人从事经济活动发生的全部成本中让全社会真正承担的部分就是社会成本。

通过对私人成本、社会成本和边际成本概念的理解，运用边际的概念可定义出边际私人成本和边际社会成本。从经济学意义上看，企业所承担生产某一单位产品发生的全部成本就是企业的边际成本曲线，或者可以叫作生产要素投入，它是通过生产要素的市场价格来反映的。

这种边际成本从实际上说就是私人边际成本。我们如果假设这个企业处于的市场是竞争的市场，该产品的市场均衡价格受其生产的产品数量的影响。如

图 2-1 所示，该企业接受市场价格 P_0，但是外部不经济使该企业的边际成本 MPC 小于边际社会成本 MSC，从而使企业生产的产品数量 Q_1 大于 Q_0，而价格 P_1 则低于 P_0，这样社会则遭受了损失。从整个社会来看，企业的生产成本分为私人的和外部的。因此，从和值的概念来看，边际社会成本就是边际私人成本加上边际外部成本。这里我们用 MSC、MPC 和 MEC 分别代表边际社会成本、私人成本和外部成本，可以把边际社会成本 MSC 表示如下：

$$MSC = MPC + MEC \tag{2.2}$$

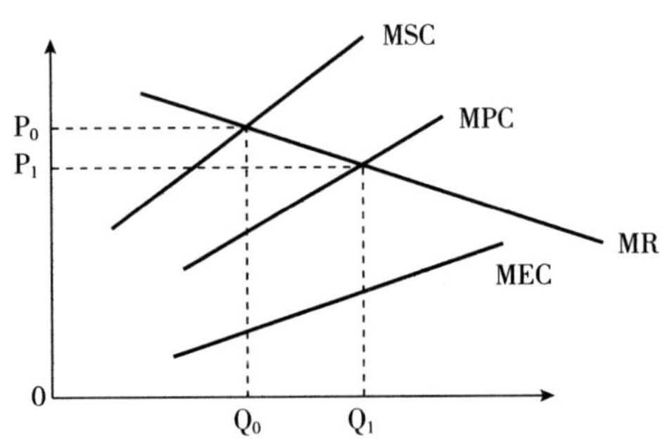

图 2-1　企业 MSC、MPC 和 MEC 的关系及其均衡变化

与外部成本相对应的一个概念就是外部收益，它是用货币来衡量外部经济性的另一个形式，公式为经济活动所产生的社会收益减去私人收益。从数学上说，外部收益与外部成本只是相差一个负号，所以有理由认为运用“私人”“边际”等前面已经叙述的概念是合理的，如果继续使用边际的定义，依然可以将上述概念进行组合得出社会边际收益、私人边际收益和外部边际收益这样与前文所述相对应的概念。和前面一样，如果用 MSR、MPR 和 MER 分别表示社会边际收益、私人收益和外部收益，那么边际社会收益 MSR 可表示为：

$$MSR = MPR + MER \tag{2.3}$$

第五节　政策作用与生物柴油产业的发展

一、政府的作用与功能

在市场经济条件下，通常把政府定义为一个独立的经济主体。严格来说，经济学中把所有经济主体分为公共部门（Public Sector）和私人部门（Private Sector）两大类。公共部门包括政府及其附属物，私人部门则包括企业和家庭。无论是经济主体中的政府、企业，还是家庭，都需要它们以各自的经济行为方式参与到国民经济的运行中，对国民经济的发展方向和进程产生影响。在西方宏观经济学的核心理论中，政府、企业和家庭被看作三个平等的经济主体，相互关联，又各有自己的运行规律。忽略或不考虑国际市场因素的话，这三者的经济活动决定了该国的国民经济。

显然，作为私人部门的企业和家庭是可以以收益最大化为前提和目标的，但政府却不能这样。这是因为政府的经济活动有其特殊性：一方面不能忽视各经济主体的收益与成本；另一方面又必须以全社会经济活动运行的公正和公平为前提和目标。市场经济的效率和活力是巨大的，但它也是有条件限制的，不是在任何场合、任何时候都有效，其特点决定了市场也有其失灵之处，此失灵之处正是政府发挥职能的领域。在市场经济条件下，政府的经济职能作用主要表现为：制定经济规范和维持市场秩序；保持宏观经济稳定；提供基础服务；培育市场体系，保证市场有序运行；进行收入再分配，实现社会公平目标；等等。

二、政策对于生物柴油产业发展的影响

政府对个人或企业的经济活动进行日常管理的工具即为经济政策，它体现的

是政府进行社会政治运行的经济目标，而经济目标是各个经济主体在经济过程中进行经济活动的社会期望的经济表现，还包括政府为使经济政策或经济目标得到实现所运用的工具和操作。

关于产业政策的定义，在经济上指的是政府部门为了实现各产业的经济目标而实施的制度支持的优先等级。就我国来说，生物柴油产业的发展之所以需要政府行为的介入是因为：首先，作为一个新兴产业，生物柴油产业的发展需要政府的战略把握和政策支持。其次，各个经济主体参与经济行为的产业都具有相关性，需要政府协调与平衡生物柴油产业与相关的产业的关系。最后，产业的特殊性，作为一个受原料供应价格、工艺成本及技术水平影响较大的产业，在生产与流通环节，生物柴油产业的发展需要政府的法律保护和政策倾斜，从某种意义上来说生物柴油产业是需要政府保护的产业。

本章小结

发展生物柴油等新能源是缓解当前严峻的能源安全形势的一个重要方式。本章对发展潜力、生物柴油和能源安全的概念进行了相关界定。同时，在区位选择、市场竞争力、外部性、政府经济学等理论的基础上简单地论述了生物柴油产业的发展潜力与它们之间的内在联系。

区位选择对生物柴油原料开发有着重要的影响。工业区位论表明交通运输条件造成的运费成本会使生物柴油原料的开发逐步向那些原料生产集中地倾斜。同时，劳动力需求也会对区位选择做出某种修正，使原料集中地的劳动力是否充裕成为原料开发的一个重要考虑因素。

市场理论认为市场竞争力最核心的要素是价格，价格竞争力是市场竞争力的基础。

外部性效应的产生来源于产品生产和消费过程中产生的私人收益和成本与社会收益和成本的差值。生物柴油产业的发展能够缓解能源安全形势进而对经济产出产生影响，生产和消费过程产生的环境生态效益是其外部性的表现。

运用政府经济学对生物柴油产业发展进行分析后发现，由于生物柴油产业在开始阶段还不能产生经济效益和规模效益，生物柴油产业普遍存在融资困难的局面，需要政府在信贷、融资等方面给予支持，提供多种融资方式。

第三章　生物柴油及其产业发展现状

在自然界，人们可利用的能源有很多，如石油、煤炭和天然气等。在这些能源中，石油可以说是世界经济的生命线，是世界各国社会经济发展最重要的能源。然而，随着能源消费量的快速增加和油价的升高，能源问题正越来越成为世界各国经济发展的瓶颈。在这样的背景下，世界范围内的以生物柴油等为代表的液态生物质燃料革命迅速掀起，生物柴油产业在众多国家发展迅猛。本章考察了我国生物柴油及其产业发展的现状，分析了当前世界和我国生物柴油产业的主要特征，并根据资源禀赋的原则对我国的生物柴油原料进行了分析，在此基础上探讨了我国发展生物柴油产业的原料选择。

第一节　生物柴油概述

一、生物柴油产品及原料范围

从定义上看，美国 ASTM① 的官方解释是：生物柴油是一种长链脂肪酸烷基

① 这里的 ASTM 指的是美国材料与实验协会。

单酯，来源于植物油或动物脂肪，同时也是一种燃料，是由长链脂肪酸的单烷基组成的。原料来源中的“生物”对应的是“化石”，是一种可再生的生物资源；产品质量中的“柴油”对应的是它具有柴油的一般性质，可在柴油发动机中使用。生物柴油以纯态或与石化柴油混合使用的方式来替代现有化石柴油。

生物柴油的原料是植物油（油料作物、木本油料植物果实和水生油料植物）、动物脂肪以及餐饮废油。

植物油的来源主要包括以油菜、大豆和花生等为主的油脂以及以麻疯树和黄连木等树木为主的含油果实，后者适宜在边际土地上种植和生长，有较大开发和利用价值。动物脂肪主要是指牲畜脂肪以及水产品脂肪，其中尤以猪、牛、羊等牲畜的脂肪最为常见。餐饮废油又称地沟油，是指餐饮业或者居民在消费过程中废弃的油脂。

二、与普通柴油相比的优点

与常规柴油相比，生物柴油具有以下优点：

一是生物柴油的硫含量低，可减少约30%（有催化剂时为70%）的二氧化硫和硫化物的排放、10%（有催化剂时为95%）的一氧化碳排放以及50%的二氧化碳排放，且不含有会对环境造成污染的芳烃，生物柴油可降低90%的空气毒性，采用生物柴油的发动机废气排放可以满足欧洲Ⅲ号排放标准。

二是生物柴油具有较好的润滑性能，可以降低喷油泵、发动机缸体和连杆的磨损，这些部件的寿命可比使用普通柴油时长。

三是生物柴油的闪点高于普通柴油，危险性显著低于化石柴油，在运输、储存、使用等方面的安全性均好于普通柴油。

四是生物柴油的十六烷值高。十六烷值是衡量柴油点火性能的重要指标，十六烷值高，说明生物柴油具有良好的燃料性能。

五是生物柴油的原料不同于普通柴油的原料——矿物质石油。

六是生物柴油是一种可再生能源，也是一种降解性较高的能源。

第二节　生物柴油的原料及选择

一、生物柴油的原料概述

按照前文对生物柴油原料的论述，生物柴油的原料主要分为四个方面：油料作物果实的植物油、动物脂肪、含油藻类和餐饮废油。本节对吴方卫等（2011）界定的液态生物质燃料的原料范围进行了梳理，具体如下：

（一）油料作物果实的植物油

1. 草本油料作物的果实油

油菜，十字花科一年生草本植物，原产于亚洲和欧洲。在我国主要分布于长江流域各省，是我国种植面积最广的油料作物。油菜属耐寒性植物，生长适温为15℃~20℃，主要分为三大类型，即白菜型油菜、芥菜型油菜和甘蓝型油菜，籽粒含油量37.5%~46.3%。

大豆，豆科一年生草本植物，原产地为中国。我国各地都有栽种，以东北地区栽培面积最广。种子含油量18%~20%，是我国四大油料作物之一。

花生，豆科多年生草本植物，原产地为南美。花生喜温暖，但也有较强的抗寒能力，在中性至酸性土壤、砂土至重黏土中均能持续生长。我国花生的分布非常广泛，但主要集中在山东、河南、河北、安徽等省，这些省份花生的产量占全国花生产量的60%以上。花生仁含脂肪50%左右，是油脂业和副食品工业的重要原料，是我国四大油料作物之一。

亚麻，亚麻科一年生草本植物，原产地为中亚。亚麻分纤维用、油用和油纤两用三种，油用亚麻又称胡麻，我国的主要产区是内蒙古、甘肃、宁夏、河北、新疆等地。种子含油 35%~45%，油质优良，但一般不作食用。

棉籽，锦葵科一年生植物棉花的种子。外部为坚硬的褐色籽壳，籽壳内有胚，是棉籽的主要部分，也称籽仁，籽仁含油量可达 35%~45%。

蓖麻，大戟科一年生或多年生草本植物，原产地为非洲，是著名的油料作物。蓖麻耐旱耐寒，耐盐碱瘠薄，适应性强，能防风固沙，防止水土流失，是理想的绿色环保植物和具有较高经济价值的油料作物。我国各地均有栽培，主产地为东北和内蒙古等地。蓖麻籽一般含油率干基为 45%~51%，蓖麻油是一种重要的化工原料。

海甘蓝，十字花科二年生草本植物，原产地为欧洲南部。我国从国外引种后在各地都有广泛种植，海甘蓝为新型高芥酸栽培油料作物，具有较高的含油量和蛋白质含量。去壳种子含油 40%左右，其中的主要成分为芥酸（60%以上），海甘蓝油是在工业中有广泛用途的精细化工原料。

红花，菊科一年生草本植物，原产地为亚洲、非洲部分地区，新疆、云南、四川和河南等地为我国主产区。红花具有药用、染料、油料等用途，是一种重要的经济作物，红花种子含油率为 34%~55%，也是一种重要的油料作物。

续随子，大戟科二年生草本植物，原产欧洲，现我国辽宁、吉林、黑龙江、河北、山西、内蒙古、贵州、广西等地有栽培或野生分布。续随子种子含脂肪 40%~50%，另外，其汁液中含类似于原油的碳氢化合物 30%~40%，经加工后可以燃烧。

2. 木本油料作物果实的植物油

麻疯树，大戟科落叶灌木或小乔木，原产地为美洲。麻疯树喜光，喜暖热气候，耐干旱瘠薄，在石砾质土、粗骨土、石灰岩裸露地均能生长。在我国主要分布于广东、广西、云南、四川、贵州、台湾、福建、海南等地。常生于海拔 700~1600m 的平地、丘陵、坡地、河谷和荒山，麻疯树种子含油量为 35%~

40%，种仁的含油量高达50%~60%。

油桐，大戟科落叶乔木，我国特有的四大木本油料植物之一。油桐喜光，也耐阴，喜肥沃、排水良好的土壤，不耐干旱瘠薄、水湿。不耐移植，根系浅，生长快。分布于我国长江流域及以南地区，四川、贵州、湖南、湖北为我国生产桐油的四大省份。种仁含油率高达70%，桐油是重要的工业用油。

乌桕，大戟科落叶乔木，我国特有的四大木本油料植物之一。乌桕喜光，耐寒性不强，在年平均温度15℃以上、年降雨量750mm以上地区都可生长。主要栽培区在长江流域以南的浙江、湖北、四川、贵州、安徽、云南、江西、福建等地。乌桕种子表面附有一层白色蜡质，叫作“皮油”或“桕蜡”，乌桕籽的脂肪含量大致为40.99%~70.10%，其中，皮油占24.46%~28.68%，用种仁榨出的油叫梓油。

核桃，胡桃科落叶乔木，原产地为伊朗，是世界著名的四大干果之一。核桃喜光，耐寒，抗旱、抗病能力强，适应多种土壤，我国各地都有分布，但主要产区是北方。核桃仁含油量40%~63%，核桃油是高级的食用油或工业用油。

油棕榈，棕榈科常绿乔木，是棕榈科两种产油植物的统称，一种是原产于西非的非洲油棕榈，另一种是中美洲和南美洲北部的美洲油棕榈（又称巴巴苏）。油棕果含油量在50%以上，一株油棕每年可产油30~40kg，每亩产油可达100~200kg，被人们誉为“世界油王”。棕榈果由果肉和果仁（种子）组成，果肉压榨出的油称为棕榈油，而果仁压榨出的油称为棕榈仁油，两种油的成分大不相同。棕榈油主要含有棕榈酸（C16）和油酸（C18）两种最普通的脂肪酸，棕榈仁油主要含有月桂酸（C12），由于这两种油所含成分不同，故传统上所说的棕榈油仅指棕榈果肉压榨出的毛油和精炼油，不包含棕榈仁油。90%的棕榈油以食用为目的，10%用于制皂和油脂化工产品的生产。

椰子，棕榈科常绿乔木，原产地为巴西、马来群岛和非洲，为热带木本油料之一。我国的主要产区是海南、雷州半岛、云南和台湾。椰子是热带喜光树种，在高温、湿润、阳光充足的海边生长发育良好。要求年平均温度25℃以上且最低温度不低于10℃才能正常开花结实。椰子肉（干）含油65%~74%，椰子油是良好的食用油脂。

黄连木，漆树科落叶乔木，原产地为中国。黄连木分布很广，以河北、河南、山西、陕西等地最多。黄连木喜光，不耐严寒。在酸性、中性、微碱性土壤上均能生长。种子含油量35.05%，种仁含油量56.5%。

油茶，茶科常绿小乔木，原产地为中国。油茶种子可榨油供食用，是世界上四大木本食用油源树种之一。在我国主要分布在四川、云南、贵州、安徽、江苏、浙江、江西、福建、湖北、湖南等地。种子含油30%以上，种仁含油59%以上，供食用及润发、调药，可制蜡烛和肥皂，也可作机油的代用品。

文冠果，无患子科落叶小乔木或灌木，原产地为中国，是我国特有的一种优良木本食用油料树种。主要分布于我国北方干旱寒冷地区，以陕西、山西、河北、内蒙古比较集中。文冠果抗旱、抗寒、耐瘠薄、移栽成活率高，种子含油率为30%~36%，种仁含油率为55%~67%，是生物柴油开发潜力很大的树种之一。

油莎草，莎草科多年生草本植物，原产地为西亚和非洲。油莎草喜光、耐旱、耐温、耐瘠、耐盐碱，适应性广。我国目前在广东、贵州、福建、浙江、陕西、辽宁、吉林有较大面积种植，可作油料和优良牧草用。块茎含油率为20%~30%。

油橄榄，木犀科常绿乔木，原产地为小亚细亚，为著名亚热带木本油料兼果用树种。我国甘肃、四川、重庆、陕西等地区有种植。鲜果含油率一般为20%~30%。橄榄油是品质最好的食用油。

光皮树，山茱萸科落叶乔木，原产地为中国。光皮树喜光、耐寒，喜深厚、肥沃而湿润的土壤，在酸性土及石灰岩土上生长良好。光皮树广泛分布于黄河以南地区，集中分布于长江流域至西南各地的石灰岩区，其果实（带果皮）含油率为33%~36%。

（二）动物脂肪

动物脂肪主要指猪、牛、羊、黄油（此处不具体论述）以及水产品脂肪，其产量占油脂总量的30%左右。

猪油：猪油脂肪酸的成分主要是肉豆蔻酸、棕榈酸、硬脂酸、油酸、亚油酸、十六烯酸等。

牛羊油：由于牛脂、羊脂的脂肪酸组成相近，加工时常掺和在一起，故称为牛羊油。主要成分是棕榈酸、硬脂酸和油酸的甘油酯。我国牛羊油主产地为内蒙古、新疆、陕西、山东、青海等地。牛羊油主要用于制皂工业及脂肪酸工业。

水产品脂肪：从鱼类、海兽及其加工废弃物中提取的油脂。主要成分为混合甘油三酸酯，包括鱼体油、鱼肝油和海兽油，鱼体油主要取自鳀、鲱、油鲱、沙丁鱼、鲹、毛鳞鱼等多脂鱼类；鱼肝油主要取自鳕和鲨；海兽油主要取自各种鲸类、海豚、海豹等，是食品、医药和化学工业的重要原料。

（三）含油藻类

油藻类被认为是很好的潜在的油脂原料，因为藻类具有转化效率可达10%以上的光合作用，而其本身具有30%的含油量。世界上对于海洋微藻能源化的研究已经持续了20多年。海洋微藻产油具有明显的优势，与其他产油微生物一样，它不与农业争地，可利用广袤的海水进行大量培育和繁殖。与之对应的技术攻克也属于世界难题，因为微藻是低等植物，而这方面的基因工程改造技术还不是很成熟，难以进行高密度培养。目前，在探索此类技术的道路上，世界上大多数相关的科学家正努力探索和培育新的藻种，以期打造出“工程微藻”，从而实现规模化培育和发展，使成本得到降低，为大量取得油脂资源开辟新途径。

（四）餐饮废油

餐饮废油是指食品生产经营单位在经营过程中产生的不能再食用的动植物油脂，包括食用油脂后产生的不可再食用的油脂、餐饮业废弃油脂，以及含油脂废水经油水分离器或者隔油池分离后产生的不可再食用的油脂。2022年，我国城

市的食品加工和生产工业产生和消费了3000万吨的餐饮用油，餐饮废油大约为200万~500万吨，这些餐饮废油完全可以用于生产生物柴油。

部分生物柴油原料的燃料特性如表3-1所示。

表3-1　部分生物柴油原料的燃料特性

材料	十六烷醇值	热值（kJ/kg）	运动黏度（37.80℃；mm^2/s）	浊点（0℃）	倾点（0℃）	闪点（0℃）
南美棕榈	38.0					
蓖麻		39500	297		-317	260
玉米	37.6	39500	34.9	-1.1	-40	277
棉籽	41.8	39468	33.5	1.7	-15	234
海甘蓝	44.6	40482	53.6	10.0	-12.2	274
亚麻籽	34.6	39307	27.2	1.7	-15	241
棕榈	42.0					
油橄榄	61	38480	4.52	-3.4	-3	>110
花生	41.8	39782	39.6	12.8	-6.7	271
油菜籽	37.6	39709	37.0	-3.9	-31.7	246
红花籽	41.3	39519	31.3	18.3	-6.7	260
高油酸红花籽	49.1	39516	41.2	-12.2	-20.6	293
芝麻	40.2	39349	35.5	-3.9	-9.4	260
大豆	37.9	39623	32.6	-3.9	-12.2	254
葵花籽	37.1	39575	37.1	7.2	-15.0	274
牛羊油	61.8	39961	-5.1	15.6	12.8	189
黄油脂	62.6	39817	5.16			
动物油脂			6.20	5	-1	
煎炸废油	59	37337	4.50	1	-3	>110
废橄榄油	58.7		5.29	-2	-6	
豆油皂角	51.3		4.3	6		

资料来源：Knothe G.，et al. The Biodiesel Handbook［M］. Illinois：AOCS Publishing，2004.

二、生物柴油原料的选择

欧盟是生物柴油最主要的利用地区，油菜籽是主要原料，从 2020 年开始，欧盟实现了交通能源中 8%使用生物柴油。美国利用大豆油和动物脂肪生产生物柴油，2022 年产量为 883 万吨。印度、泰国都具有利用麻疯树油等木本油料作物生产生物柴油的基础。木本油料作物的果实和餐饮废油在我国具有广阔的市场前景。

根据王仲颖等（2010）对生物液体燃料世界经验的介绍，世界上多数国家以菜籽油、豆油、棕榈油等为生物柴油的主要原料。以纯植物油为原料生产生物柴油，虽然技术成熟，但原料成本高，在欧美柴油价格较高的情况下尚需政府补贴，我国燃油市场还没开放，更无利可图。同时由于我国明确指出，发展生物柴油等生物能源的原料不能使用粮食作物，草本油料作物的种植一般都需要与粮争地或与人争粮，因此不在生物柴油原料的选择范围之内。藻类的规模化生产技术目前还不成熟，尚处于研究阶段，不能成为当下原料的选择。动物脂肪原料被集中用于脂肪酸的获取中。因此，我国生物柴油将以非粮能源作物的木本油料树种的果实和餐饮废油为主要原料。

（一）木本油料树种选择的原则

在我国的森林资源中蕴含着丰富的油脂资源。目前拥有的木本油脂资源约 200 万吨，天然松脂 150 多万吨，在我国北方大面积分布的常绿针叶林（主要是松、杉、柏），其种子油脂的含量平均都在 50%以上，我国森林面积中大约有 1/5 为针叶树种，可生产种子 70 万吨，加工成油约 35 万吨。

目前，非粮能源作物原料以木本油料作物的果实为主，但含有油类的木本油料植物众多，且自然分布较为分散，种植和收集的成本各不相同。鉴于此，选择适当的木本油料树种果实发展生物柴油原料油资源有着重大意义。

根据王仲颖等（2010）主要生物液体燃料原料资源潜力开发中原料选择的方

法，我们假定木本油料作物果实的选择应该遵循以下原则：

（1）果实含油量高，为30%以上。

（2）结实量高，平均果实年产量3000千克/公顷以上。

（3）结实早，一般为5~8年，南方5年，北方8年。

（4）结实期长，一般为20年以上。

（5）适应性强，耐瘠薄。

（二）树种的选择

按照以上条件对我国现已查明的木本油料植物进行筛选，目前仅有10余种具备开发利用的条件和基础，主要以麻疯树、黄连木、光皮树、文冠果、油桐、乌桕等具有种子或果实含油率高（30%以上）、初始利用期短（一般为5年以下）、盛果期长（一般为20年以上）、转化技术成熟等特性的树种，作为木本油料作物的能源林培育的优先树种。这些主要树种可以利用宜林荒山荒地和沙荒等林地开展规模化经营，也有一些树种在局部地区自然分布相对集中，可利用程度相对较高。

我国主要木本油料林面积420.6万公顷。其中，湖南油茶面积最大，达114.0万公顷；油桐主要分布在贵州、湖南、陕西、四川和福建等省份，种植面积最大的省份是贵州，面积为17.0万公顷；麻疯树主要分布在四川、云南、贵州、海南等省份；黄连木主要分布在山东、河北等省份。具体如表3-2所示。

表3-2　我国现有主要油料树种（可作为能源树种）分布和果实产量

树种	含油率（%）	主产地和主要分布区
乌桕	果25，籽62	贵州、湖北、四川、浙江等
漆树	果40~60	陕西、贵州、安徽、华北等
油桐	籽48~50	贵州、湖南、陕西及南方各省份
山桐子	果56，籽28	南方各省份
麻疯树	籽50~60	四川、云南、贵州、海南

续表

树种	含油率（%）	主产地和主要分布区
黄连木	籽 40~46	陕西、河北、山东、河南等
文冠果	籽 45~60	内蒙古、陕西等北方各省份
光皮树	果 40，籽 20	江苏、湖南、湖北、江西等
盐肤木	果 40，籽 12	北方及江苏、江西等省
油翅果	籽 30	山西、陕西、河北
卫矛	籽 40~45	全国各地
重阳木	籽 24~28	福建、广东、广西、陕西等
木棉	籽 24~28	云南、贵州、广西、广东、福建
巴豆	籽 52~56	四川、浙江、江苏、福建等
沙枣	籽 15	北方各省份
沙棘	籽 14，果 18	华北、西北、西南等

数据来源：中国农业信息网（http：//www. agri. gov. cn/）。

本书根据生物柴油原料林树种的分布状况，以及对油料能源林培育所需的土地资源、水资源和热量条件等自然条件、社会和经济发展对能源的需求等的分析，将麻疯树、黄连木、光皮树、油桐、文冠果和乌桕六种树种作为生物柴油原料林基地培育的优先树种。

（三）餐饮废油原料选择的原则

餐饮废油主要来源于两个方面：一个是家庭烹饪和餐饮企业中消费者废弃掉的地沟油；另一个是餐饮企业专门用来炸菜品经多次重复后倒掉的废渣油。因此对于餐饮废油选择应做到：对于地沟油的收集，通过在社区、餐饮企业安装油水分离设置来获取；直接和餐饮企业签署协议，按照协议把废渣油收集到指定地方。鉴于以上论述，餐饮废油的选择原则就是：①地点必须是在大中型城市。②从中短期来看，以餐饮企业废弃油的收集为主；从长期来看，家庭烹饪产生的废油也是稳定的资源。

第三节　生物柴油的生产技术情况

新开发的生产生物柴油反酯化方法可克服碱催化反酯化的缺点，如甘油回收和催化剂脱除困难、反应不完全，以及当油中含有游离脂肪酸或水时会生成皂化产物。传统的碱催化方法是通过甘油三酯和甲醇生产脂肪酸甲酯，但这种方法存在一些问题，包括在室温中反应太慢。利用植物油的催化反酯化（特别是反甲基化）生产生物柴油甲酯的过程很慢，这是因为初期反应混合物由两相组成，因此反应受到传质限制。生物柴油的工业化生产作为石油基柴油的替代路线往往还不甚经济，因为其生产费用为石油基柴油的近 3 倍。现在的生物柴油生产商仍采用高压、高温方法，速度慢且能耗高，采用化学方法也不能低成本地生产达到 ASTM 标准的生物柴油。加拿大 BIOX 公司正在将 David Boocock 公司开发的工艺（美国专利 6642399 和 6712867）推向工业化，该工艺不仅可提高转化速度和效率，而且可采用酸催化步骤使含游离脂肪酸高达 30%的任意原料（包括大豆油、废弃的动物脂肪和回收的植物油）转化为生物柴油，该工艺可降低 50%的生产费用，如果商业化成功，有望使生物柴油与石油基柴油相竞争。BIOX 公司自 2001 年 4 月起已在加拿大奥克韦尔（Oakville）100 万升/年中型装置上验证了 BIOX 的工艺，现正在 Hamilton Harbour 生产地投资 2400 万美元建设 6000 万升/年生物柴油装置放大 BIOX 工艺，该装置于 2005 年 6 月投运，这将是 BIOX 公司第一套工业化装置。在 BIOX 工艺中，脂肪酸首先在酸催化反应中转化成甲酯，反应在接近甲醇（溶剂）60℃的沸腾温度下，在柱塞流反应器（PFR）中进行，反应 40 分钟后，在相似条件下，在第二台 PFR 中采用专用的共溶剂进行碱催化反应，甘油三酯在几秒内就转化成生物柴油和丙三醇副产物，99.5%以上未使用的甲醇和共溶剂可循环利用，可回收冷凝潜热用以加热进料。

新开发的方法使用共溶剂，可形成富油单相系统，因此反应可在室温下快速进行，10 分钟内反应可完成 95%，而现用工艺要几个小时。该工艺已在德国莱尔（Leer）8 万吨/年验证装置上得到了应用，第二套 10 万吨/年装置也在德国汉堡投运。

在新工艺中，惰性的共溶剂使之形成富油、单相系统，整个反应在该系统中进行，因此可提高传质和反应速率。碱催化步骤在接近室温和常压下于几分钟内完成，它与酸催化步骤结合在一起，使 BIOX 工艺可连续进行。BIOX 工艺还克服了生物柴油现有生产路线的另外一些缺点，包括必须使系统达到所需纯度，以免反应中断，以及它们不能处理含脂肪酸大于 1%的物料。使用常规工艺生产生物柴油的成本因原料而发生变化，原料占生物柴油生产费用约 75%~85%，因此采用低费用的原料达到高的转化率至关重要。

Diester 工业公司在法国塞特建设生产脂肪酸甲酯（FAME）的新装置，16 万吨/年的装置于 2005 年底投产，这将是采用 Axens 公司 Esterfip-H 工艺的第一套工业化装置。塞特装置的建设符合欧盟指令 2003/EC3117 目标要求，该指令要求到 2010 年使生物燃料用量达到 5.75%，生物燃料可减少温室气体总排放量和使欧盟减少对原油进口的依赖。生物柴油的主要组分 FAME 通过植物油如菜籽油、大豆油和葵花籽油来生产。Esterfip-H 工艺由法国石油研究院（IFP）研发，由 Axens 公司推向商业化。第一套工业化 Esterfip 工艺装置于 1992 年建于法国 Diester 工业公司维尼特地区，其基于均相催化剂。新装置采用多相催化剂——两种非贵金属的尖晶石混合氧化物，它可避免采用均相催化剂如氢氧化钠或甲醇钠时所需的几个中和、洗涤步骤，且不会产生废物流。此外，来自 Esterfip-H 工艺的丙三醇副产物的纯度大于 98%，而采用均相催化剂路线时，其纯度约为 80%。这种副产物的利用可提高整个生产的经济性。在 Esterfip-H 工艺中，反酯化反应采用过量甲醇，在比均相催化剂工艺温度高的条件下进行，过量甲醇用蒸发方法来去除，并循环至工艺过程，与新鲜甲醇相混合。该化学转化采用两个串联的固定床反应段来达到，分离丙三醇以改变平衡。每一反应后的过量甲醇通过部分闪蒸来去除，酯类和丙三醇则在沉降器中分离。生物柴油在甲醇得到回收后通过减压蒸发予以回收，然后提纯去除微量丙三醇。甲酯纯度超过 99%，产率接近 100%。

另一先进的工艺是在连续流动反应器中使油与甲醇强化混合，2002 年采用这一技术的 10×104t/a 生物柴油装置建于德国玛尔（Marl），从该过程可回收 1. 2 万吨/年高级丙三醇。该技术也在美国加州里弗代尔（Riverdale）南方动力公司的 10 万吨/年装置上得到应用。

还有一创新工艺，是采用连续反酯化反应器（CTER）来进行，这一新工艺可降低投资费用，Amadeus 公司在澳大利亚西部建设的 3. 5×104t/a 生物柴油装置将采用 CTER 工艺。

目前生物柴油主要采用化学法生产，现正在研究生物酶法合成生物柴油技术。用发酵法（酶）制造生物柴油，混在反应物中的游离脂肪酸和水对酶催化剂无影响，反应液静置后，脂肪酸甲酯即可分离。日本大阪市立工业研究所成功开发使用固定化脂酶连续生产生物柴油，分段添加甲醇进行反应，反应温度为 30℃，植物油转化率达 95%，脂酶连续使用 100 天仍不失活。反应后静置分离，得到的产品可直接用作生物柴油。

通过加氢裂化方法也可生产生物柴油，现已开发了几种新工艺。加氢裂化方法不联产丙三醇。可将植物油转化为高十六烷值（~100）、低硫柴油，可加工宽范围原料，包括高含游离酸的物料。加氢裂化过程中发生几种反应，包括加氢裂化、加氢处理和加氢。产率为 75%~80%，十六烷值高（~100），硫含量 < 10ppm。28 天后可生物降解 95%，而石油基柴油在同样时间内只能降解 40%。与其他生物柴油比，其主要优点是可降低氮氧化合物排放。该工艺采用常规的炼厂加氢处理催化剂和氢气，可供炼油厂选用，因有氢气可用，可方便地与炼油厂组合在一起。

餐饮废油生物柴油的生产技术工艺主要包括均相催化法和固态酸碱催化法；动物脂肪和木本油籽生产生物柴油主要有微乳液法、酯交换法和酶法合成等技术工艺。

生物柴油生产工艺如表 3-3 所示。

表 3-3　生物柴油生产工艺

原料	工艺
餐饮废油	均相催化法
	固态酸碱催化法
	其他方法（生物酶法、超临界微乳法）
动物脂肪、木本油籽	微乳液法
	酯交换法
	酶法合成

资料来源：黄剑锋，等．生物柴油技术的研究进展［J］．甘肃石油和化工，2010（2）：11-17.

第四节　生物柴油的产业发展现状

一、国外生物柴油产业发展现状

（一）世界生物柴油的发展概述

全球降碳减排刺激了可再生燃料需求，2010～2021 年，全球生物柴油市场 CAGR 达到 9.1%。根据 IEA 数据，2021 年全球生物柴油（酯基生物柴油+烃基生物柴油+可持续航空燃料）总消费量为 548.3 亿升，同比增长 6.4%。2010～2021 年，CAGR 为 9.1%，需求保持稳健增长。从需求来源看，2021 年欧盟、美

国、印度尼西亚、巴西集中消费了全球80%以上的生物柴油，其中，欧盟消费占比高达39.4%，合计216.3亿升，为全球第一大生物柴油市场。相较之下，我国目前生物柴油的消费量较少，2021年消费仅占全球总量的1.5%。

欧盟作为全球碳减排领导者，生物柴油消费量有望持续增加。受新冠肺炎疫情影响，2020年欧盟交通运输部门能源消费量同比下滑12.8%。但在生物柴油消费方面，得益于可再生柴油消费的增加，生物柴油的消费总量仍实现了正增长，进而推动可再生能源在交通运输部门能源中的占比提升至10.2%。而根据欧盟于2022年6月27日通过的《可再生能源指令》修订案的最新文件，欧盟决议将该比例目标从原先设定的14%提高至29%，为实现新目标，欧盟生物柴油消费量在未来有望持续走高。

在所有能源短缺的国家，生物柴油都被提上了议事日程。而各国的生物柴油的生产状况不尽相同，其生产生物柴油的原料也不同。美国主要用豆油生产生物柴油，而欧盟主要用油菜籽生产生物柴油（也有部分使用棕榈油）。欧盟的生物柴油产量稳居世界第一。2019年，欧盟生物柴油生产量为24万桶油当量/日，美国、巴西和亚太地区分别为96万、87万和218万桶油当量/日，泰国和中国有少许的生物柴油产出，全球总计生物柴油产量为699万桶油当量/日。具体如表3-4、图3-1所示。

表3-4　世界生物柴油主要利用国家和地区的生产原料概况

国家和地区	2021年（万吨）	主要生产原料
欧盟	957	菜籽油（70%）、豆油（15%）、棕榈油（5%）、动物脂肪（5%）
阿根廷	189	豆油
美国	152	菜籽油（20%）、豆油（40%）、棕榈油（20%）、动物脂肪（20%）
巴西	115	豆油（80%）、动物脂肪（10%）、其他植物油（10%）
泰国	51	棕榈油
中国	16	废弃植物油

资料来源：全球可再生燃料联盟（Renewable Fuels Association，RFA）（http：//ethanolrfa.org）、《BP能源统计年鉴2022》（http：//www.bp.com/statisticalreview）。

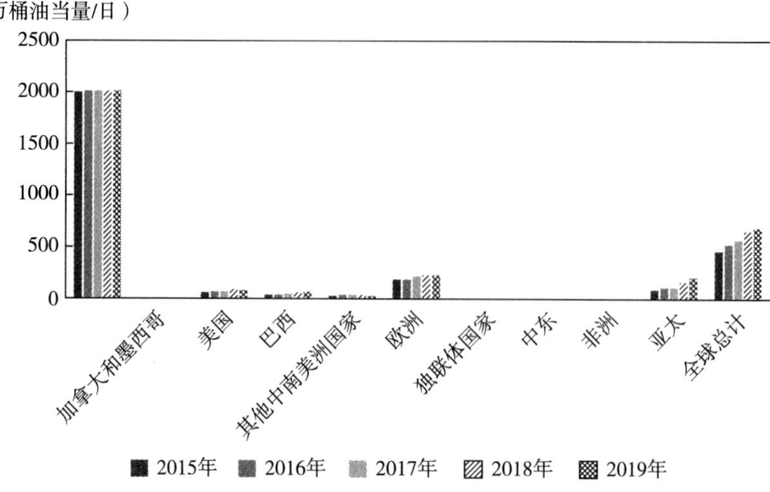

图 3-1　2015~2019 年全球生物柴油产量变动情况

资料来源：全球可再生燃料联盟（Renewable Fuels Association，RFA）（http：//ethanolrfa. org）。

（二）各国生物柴油产业规模

2021 年欧盟是全球最大的生物柴油产区，占全球生物柴油产量的 31%，其次是美国、印度尼西亚、巴西，占比分别是 19%、16%、12%。具体如表 3-5 所示。

表 3-5　2021 年全球生物柴油产量占比情况

国家或地区	产量占比（%）
欧盟	31
美国	19
印度尼西亚	16
巴西	12
中国	4
新加坡	4
泰国	3
阿根廷	3
其他	9

资料来源：智研咨询（http：//www. chyxx. com）。

1. 欧盟

生物柴油是欧盟最先开发和使用的生物燃料，在 20 世纪 90 年代就被交通部门所采用。由于生物柴油的 CO_2 排放量比矿物柴油大约少 50%，因此欧盟把生物燃料作为主要替代能源，相关政策法规也陆续出台，鼓励生物柴油市场的发展。

2021 年 7 月，欧盟《可再生能源指令》修订，根据修订后的指令，生物柴油的核心政策设定了 2030 年可再生能源份额至少达到 45%、交通领域份额达到 14%的总目标。目前，法国、比利时等多个欧盟国家已停止使用棕榈油进行生物柴油生产。2022 年，大豆也被列为同一级别。修订后的指令规定，使用粮食和饲料作物生产的生物燃料比 2020 年交通领域中此类燃料份额高 1%，最高不能高出 7%，目前大多数欧盟国家已超过 6%，这意味着粮食原料方面的工业需求上升空间极小。如果成员国选择不生产粮食基生物燃料，该成员国可以相应减少交通领域 14%的总目标，最多减少 7%。另外 7%的目标需要用先进生物燃料或其他可再生能源来实现。因此，欧盟各国由于对棕榈油、大豆的限制，大多用废弃油脂进行替代。

欧盟委员会没有对各国的生物柴油掺混量做出具体的指示，仅规定生物燃料与常规燃料的最大掺混率不得超过 7%。绝大部分国家的生物柴油掺混率为 6%~7%。到 2030 年，可再生能源在欧盟能源消费总量中的总体目标份额将从 32%上升到 40%，其中，可再生燃料在运输部门的占比需达到 26%，高于《可再生能源指令》规定的 14%，包括生物柴油在内的可再生能源市场又迎来了发展机遇。

目前，欧盟已成为全球最大的生物柴油生产地，2021 年，欧盟生物柴油产量占全球的比重达 31%，产量为 1372 万吨，同比增长-1.2%，生物柴油是欧盟最重要的生物燃料，2021 年占运输部门生物燃料市场的 77.0%，剩余 23.0%为生物乙醇。从欧盟生物柴油的产量变化趋势来看，2012~2021 年，欧盟生物柴油产量总体增长，基本维持在 150 亿升/年以上。2020 年之前，欧盟的生物柴油产消基本上是以作物基为原料生产的第一代生物柴油，而 2020 年之后，第二代生物柴油开始发展。目前欧盟各国中，仅荷兰、意大利、西班牙、芬兰、法国、瑞典、葡萄牙和捷克拥有第二代生物柴油产能。未来几年生物燃料工厂仍处于扩张的态势，主要集中在二、三代生物柴油上，即可再生生物柴油和可持续航空燃料。

2. 美国

美国从 20 世纪 90 年代初开始生物柴油的商业化生产，生产用的主要原料是豆油（占 85%）。美国生物柴油的主要原料为豆油，2022 年美国豆油生物燃料消耗量约为 105 亿磅，同比增加 15%。作为美国生物柴油最主要的原料，2022 年美国本土豆油产量为 1190 万吨左右，用于生物柴油的消耗约 523 万吨，约占其国内消费的 45%。2022 年，动物油脂中黄色油脂消耗量为 50 亿磅，同比上涨 48%，幅度最高；植物油中菜籽油消耗量为 12.5 亿磅，同比上涨 31%，幅度最高。

使用生物柴油的城市已经分布在美国 40 多个州。美国使用生物柴油的方式与欧洲国家有所不同，在环保要求高的城市，在公共交通、卡车、地下采矿业等方面使用的普通化石柴油中掺入生物柴油的比例一般为 10%~20%，其中以 B20 调和柴油燃料为主（即 20%生物柴油与 80%化石柴油混配）。

2022 年以来，美国可再生生物柴油产量大幅提升，而生物柴油比例在不断下降。2022 年 8 月，美国可再生生物柴油产能已经高达 21.34 亿加仑，首次超过生物柴油 20.84 亿加仑的产能。2022 年 11 月，可再生生物柴油产能再次大幅增加，生物柴油产能略有下降。随着可再生生物柴油产能的陆续投放，较好的生产及掺混利润刺激了 2021 年以来可再生生物柴油产量的大幅增长。

EIA 表示，2022 年底，美国可再生物柴油生产能力为 170000 桶/日，即 26 亿加仑/年。尽管预计一些已宣布的项目将被推迟或取消，但如果所有正在建设或可能很快开始开发的项目如期运营，到 2025 年底，美国可再生生物柴油生产能力将达到 384000 桶/日，即 59 亿加仑/年。

由于全球能源危机，2020 年、2021 年美国化石燃料在交通运输部门的能源消耗量均低于 2020 年之前的水平，而生物柴油在交通领域的消耗量增长趋势稳定，由第一代生物柴油逐渐转向第二代生物柴油。

3. 巴西

巴西自 2004 年起就已设立了国家生物柴油支持项目。2018 年 10 月，巴西国家能源政策委员会（CNPE）决定每年 3 月 1 日将生物柴油掺混率提高 1 个百分点，到 2024 年 4 月提高到 13%（B13），2025 年 4 月提高到 14%（B14），2026 年 4 月提高到 15%（B15）。

巴西生物柴油原料以豆油为主，其次是动物脂肪、棕榈油等。原料基本来源于国内生产。2022 年生物柴油累计产量的 66%是由豆油制成的，12. 33%是由动物脂肪（牛油）制成的。其余的原料是棕榈油（2. 50%）和食用油（1. 70%）。此外，17%的产量是用其他脂肪材料生产的，如在油罐中混合不同原料和生物柴油生产副产品。2022 年巴西消耗 389 万吨豆油、73 吨动物脂肪、15 吨棕榈油、10 吨废弃油脂用于生物柴油的生产。2022 年巴西消耗 389 万吨豆油、73 吨动物脂肪、15 吨棕榈油、10 吨废弃油脂用于生物柴油的生产。巴西目前有 57 家工厂获准生产生物柴油。2022 年生物柴油产能为 132. 6 亿升/年，与 2021 年的 111. 9 亿升/年相比增长 18%。巴西是全球第三大生物柴油生产国，多自产自销，极少量用来进出口，产消基本持平。2016~2021 年，巴西生物柴油产消呈现稳中有增的局面，整体产业处于良性发展中。具体如表 3-6 所示。

表 3-6　巴西生物柴油产量变化

年份	2016	2017	2018	2019	2020	2021
产量（亿升）	0. 06	42. 0	55. 1	58. 2	68. 7	63. 7

资料来源：《BP 能源统计年鉴 2022》（http：//www. bp. com/statisticalreview）。

4. 印度尼西亚

2012年以来，印度尼西亚生物柴油产量总体增长，特别是2018年以后，在海外市场需求的驱动下，产量由56亿升增长至2020年的85亿升。同时，印度尼西亚生物柴油产能利用率也不断提升，2020年达74.8%。印度尼西亚生物柴油的原料单一，只有棕榈油，每年国内棕榈油消费约1850万吨，其中，用于生产生物柴油的在700万~800万吨，占比40%左右。印度尼西亚称有计划将生物柴油掺混比上调至35%或40%。其中，2021年印度尼西亚生物柴油产量为809万吨，同比增长8.74%，生物柴油消费量为805万吨。

5. 其他国家或地区

马来西亚生物柴油的七成左右用于国内消费，其余出口。马来西亚生物柴油主要用于运输行业，少部分用于工业行业，包括加热锅炉和发电。马来西亚生物柴油的主要出口地是欧盟，占其出口量的70%以上，少量出口至中国。其中，2021年马来西亚生物柴油产量为92万吨，消费量为76万吨。

阿根廷的生物柴油以出口为主，约占国内生物柴油消费的60%，国内消费40%。受到欧美生物柴油保护主义的关税政策影响，阿根廷政府推出了一系列生物柴油政策，鼓励生物柴油需求由出口转向内销。其中，2021年阿根廷生物柴油产量为135万吨，消费量为44万吨。由于国内消费需求不高，阿根廷的生物柴油以出口为主，出口营收占据着国内生物柴油市场接近60%的比重。但由于近几年受到欧美生物柴油保护主义的关税政策影响，阿根廷政府正在积极推动国内生物柴油需求的增加，欲使国内市场结构从以出口为主转向以内销为主。2021年阿根廷生物柴油产量达到了135万吨，国内消费量仅为44万吨。阿根廷生物柴油市场仍是以出口为主，未来实现大规模内销仍有很长的路要走。

（三）发展目标与政策

1. 欧盟

按照《京都议定书》规定，欧盟2008~2012年要减少8%的CO_2排放量。生

物柴油的 CO_2 排放量比矿物柴油大约少 50%。为此，欧盟把生物燃料作为主要替代能源，分别于 2003 年 5 月通过了《在交通领域促进使用生物燃料油或其他可再生燃料油的条例》、2006 年 2 月制定了《欧盟生物燃料战略》，规划生物燃料占全部燃料的比重将从 2005 年的 2%增长到 2010 年的 5.75%。到 2030 年，生物燃料在交通运输业燃料中的比重将达到 25%。2009 年开始实施的《可再生能源指令》要求，到 2020 年在交通运输燃料中添加生物燃料的比例达到 10%，到 2030 年该比例提升至 20%。2015 年，欧盟公布了生物柴油调合燃料的 B20/B30 标准，允许在化石柴油中添加 20%或 30%的生物柴油，掺混比例进一步提高。

新冠肺炎疫情冲击了石油行业，生物柴油行业也受到了影响，但冲击程度低于预期。由于 2020 年新冠疫情，欧洲经济遭受重创，国际能源署（IEA）预测，汽油和轻柴油的消费量将分别下降 12.6%和 11.7%。然而，由于生物燃料更多受政策推动，各国为达到强制掺混目标会使用相对更多的生物燃料，欧洲生物乙醇（汽油）的消费量预计下滑 10%，同比减少 7.6 亿升。同时，生物柴油受封锁措施的影响要小于生物汽油，这是因为柴油车（尤其是重型柴油车）主要用于物流运输，受封锁措施的影响较小，2020 年欧洲生物油消费量下降 6%，同比减少 11 亿升。

2018 年，欧盟修订了《可再生能源指令》，除要求交通领域掺混比例达到 14%外，对细分燃料规定提出了更进一步的要求。自 2010 年起对第一代生物燃料的掺混比例设置了上限。欧盟所生产的传统生物柴油在可持续发展、间接地利用土地、农业等方面存在一定问题。通过多次博弈，目前基于粮食作物的传统生物燃料的掺混上限将从 2021 年的 7%下降到 2030 年的 3.8%。与此同时，将第二代生物燃料的掺混下限从 2021 年的 1.5%提升到 2030 年的 6.8%。其中，PARTB 生物燃料（UCOME 生物柴油）在 2030 年的比例要达到 1.7%。可以看出，以非食物为原料的先进生物燃料将在未来拥有更广阔的前景，废油脂生物柴油将获得更大的市场空间。

从进口方面来看，欧盟生物柴油主要供应国有阿根廷、印度尼西亚、马来西亚和中国，2019 年进口占比分别为 28%、25%、23%和 16%。阿根廷以大豆油生柴为主（SME），而印度尼西亚和马来西亚以棕榈油生柴为主（PME）。2017 年，由于欧盟取消了对阿根廷和印度尼西亚的反倾销税，两国对欧盟的出口实现快速增长，然而 2019 年欧盟开始对传统生物燃料进口展开多项抑制政策：2019 年 2 月，欧盟开始重新对阿根廷征收 25%～33%的反补贴税；2019 年 12 月，对印度尼西亚征收 8%～18%的反补贴税。此外，由于 PME 极低的碳减排能力（仅 19%），2019 年 5 月，欧盟出台了间接土地利用变化（ILUC）认定，认为棕榈油制生物柴油以砍伐森林为手段，违背了欧盟低碳环保政策的初衷，故将 PME 认定为高风险 ILUC 生物燃料，规定 2022～2023 年 ILUC 生物燃料的使用将被限制在 2019 年水平以下，并在 2030 年逐步淘汰。此议案遭到印度尼西亚的反对，并向 WTO 提交仲裁。无论该议案是否完全实施，都将对欧洲 PME 市场份额产生巨大的负面影响。

2. 美国

美国政府曾于 2005 年制定了可再生燃料标准（RFS），并将其作为美国能源政策法案的一部分。可再生燃料的最低消费数量在这个可再生燃料标准中被确定。同时确定了可再生燃料 2006 年、2012 年、2022 年的用量必须分别达到或者超过 1350 万吨（40 亿加仑）、4450 万吨（132 亿加仑）、11800 万吨（350 亿加仑）①。

由于生物柴油的生产成本通常高于石油基柴油，因此美国联邦政府和相关州政府的政策在很大程度上推动了生物柴油的消费。在联邦一级，根据美国环境保护署的“可再生燃料标准”项目，生物柴油是一种高级生物质燃料，该项目要求并鼓励可再生燃料融入国家的燃料供应中。

根据加利福尼亚州的“低碳燃料标准”，生物柴油还可进行税收抵免，并且

① 1 加仑=3.785 升，1 升柴油=0.89 千克柴油。

由于其良好的温室气体减排效应，因此被越来越多地用作燃料，被用于满足不断提高的低碳燃料标准。

《美国政府开支法案》于 2019 年 12 月底被签署为法律，这一法案及其几项与联邦能源项目有关的条款，恢复了每加仑生物柴油混合物 1 美元的税收抵免政策（通称为“生物柴油税收抵免”）。这项政策适用于生物柴油和可再生柴油，有效期至 2022 年，并可追溯至 2018 年和 2019 年。

“生物柴油税收抵免”，是根据 2004 年《美国就业法案》提出的，并随着时间的推移不断被修订。根据这项法律，生物柴油或可再生柴油与柴油混合，以供出售或用于贸易或业务时，合格的纳税人可以申请每加仑 1 美元的税收抵免。

自 2011 年以来，美国国会已经五次延长或追溯适用“生物柴油税收抵免”政策。税收抵免抵消了生物柴油和可再生柴油相对于石油基柴油的更高成本，从而带来了更多数量的生物柴油和可再生柴油的消费。税收抵免政策生效的年份（即不追溯适用），如 2013 年和 2016 年，美国生物柴油的国内产量和进口量较前几年都大幅增加。

2016 年 12 月，美国国内生物柴油日产量达到 11 万桶，创下当时的纪录，比 2015 年 12 月增加 33%。2016 年 12 月，生物柴油进口量也达到了 86000 桶/日的历史新高。

税收抵免政策在 2017 年没有实施，但后来作为“2018 年两党预算法”的一部分被追溯适用。

在美国国会的要求下，美国能源信息署偶尔会计算某些能源相关补贴政策的财政影响。2016 财年报告显示，“生物柴油税收抵免”对 2016 财年美国财政的影响为 27 亿美元，高于 2010 财年的约 5.5 亿美元。美国能源信息署认为，随着对生物柴油和更先进的生物燃料需求的增加，纳税人每加仑 1 美元的生物柴油税收抵免成本将随着时间的推移而不断增加。

从 2019 年到预测期末的 2050 年，美国国内的生物柴油和其他生物燃料产量分别增加 3 万桶/日和 8 万桶/日。美国能源信息署认为，2019 年 12 月修订的“生物柴油税收抵免”政策，预计将增加美国国内的生物柴油产量和净进口量。

3. 巴西

巴西自 2004 年起就设立了国家生物柴油支持项目。2018 年 10 月，巴西国家能源政策委员会（CNPE）计划每年 3 月 1 日将生物柴油掺混率提高 1 个百分点，这项政策对于生物燃料产业的发展起到了重要推动作用。巴西将生物燃料的发展上升至国家能源计划层面，立足全国能源发展，规划生物燃料的需求与供给。巴西明确，到 2026 年，燃料乙醇和生物柴油分别要占交通用能的 27%和 15%。

巴西对于消费者购买混合燃料型汽车实施税收减免的扶持政策，同时对使用乙醇燃料也给予相应的税收减免。对于生物柴油生产，根据原料、规模和产地实施因地制宜的多层次税收优惠政策，各地政策虽有差异，但体现的激励导向是一致的。巴西还通过金融系统及气候基金为生物燃料产业化提供融资支持，对于大型工程给予多维度的政策扶持。

巴西设定国家碳强度目标，高度重视生物燃料生产和消费碳足迹认证，意在通过碳交易为生物燃料产业发展寻求支持，发挥好生物燃料的减排效应，以增加其价值。与美国的做法类似，其根据设定的碳强度标准，确定对生物燃料的政策支持程度及层次，核心支持依据是生物燃料的减排贡献。换言之，就是依据生物燃料对经济社会的贡献，对生物燃料产业予以补贴或减税支持。

具体来看，巴西生物柴油发展政策的历史演进为：①为了促进国内生物柴油产业的发展，减少对石油进口的依赖，降低污染排放和健康相关成本，巴西政府于 2004 年推出了“国家生物柴油生产计划”，为以大豆、蓖麻、棕榈油、棉籽、向日葵等为原料的生物柴油产业发展提供保障和减免税收。②2005 年，巴西政府又推出“国家生物柴油生产与应用计划”，以联邦法律的形式确立了生物柴油作为燃料的地位，规定到 2013 年（后被提前至 2010 年）必须在燃油中添加 5%的生物柴油。③2008 年 1 月，巴西政府强制性要求当地所有加油站出售生物柴油

混合燃料，掺混比例初标准为2%。随着生物柴油生产的不断增长，生物柴油的混合比率逐步提高。④2015年9月21日，巴西国家能源政策委员会通过了“3号决议”，该决议将生物柴油的混合比率设定为7%，适用范围包括长途卡车、公共汽车、铁路运输和农业机械等多个重型车队。该决议于2016年1月生效。⑤2016年3月23日，时任巴西总统罗塞夫批准了国会两院的“第13号法令”，该法案规定到2019年将生物柴油的混合比率从7%提高至10%。具体实施规定为：2017年3月，生物柴油混合比率提高至8%；2018年3月，混合比率提高至9%；2019年混合比率提高至10%。⑥2018年2月，巴西规定柴油中必须掺混8%的生物柴油。根据巴西能源委员会（CNPE）的决定，自2018年3月起，巴西生物柴油的强制掺混率提高至10%，比原计划提前一年。⑦2019年8月，巴西常规柴油中生物柴油的强制性份额从10%逐步提高到15%。

4. 印度尼西亚

印度尼西亚于2023年2月1日开始强制执行“B35生物柴油计划”。B35是以棕榈油为基础的植物燃料，即脂肪酸甲酯（FAME）与柴油的混合物，混合物中的棕榈油含量高达35%，而另外65%是柴油。印度尼西亚生物燃料生产商协会表示，B35的实施将会消费1144万吨棕榈油，比2022年实施B30时的消费量960万吨提高184万吨或19.2%。

印度尼西亚政府继续通过维持自2015年以来财政支持机制，坚定执行生物柴油混合授权项目。该机制允许由棕榈油产业基金会管理从棕榈油出口税中征收的资金，用于补贴生物柴油和化石柴油之间的差价。过去几年，针对棕榈油价格波动和食用油价格上涨等其他因素，印度尼西亚政府对出口税进行了几次调整。

印度尼西亚政府将2022年生物柴油的分配量定为101.5亿升，这是自生物燃料计划在印度尼西亚全国范围内启动以来的最高分配。B40（将生物柴油混合物中的棕榈油含量提高到40%）的路测已在2022年举行，根据印度尼西亚能源和矿产资源部发表的声明，印度尼西亚从2023年2月1日开始强制执行“B35

生物柴油计划”，将棕榈油含量由此前的30%提高至35%。

2021年11月，印度尼西亚向《联合国气候变化框架公约》提交了《2050年低碳和气候适应能力长期战略》，目标是到2050年，生物燃料占其交通能源的46%，生物燃料将成为印度尼西亚交通部门的主要能源来源，逐步用生物乙醇取代汽油，用棕榈油取代汽油，用棕榈生物柴油和绿色柴油取代石化柴油。

2006年，印度尼西亚颁布了有关生物燃料采购和使用的“政府1号条例”，开始采用国家一级的生物燃料政策，并成立了国家生物燃料发展小组，负责监督生物燃料项目的实施，为生物燃料的发展制定蓝图。根据蓝图，生物燃料的发展目标是：减少贫困和失业；通过生物燃料采购推动经济发展；减少国内化石燃料的消耗。随后，印度尼西亚众议院也通过了《能源法》以推动优先使用可再生能源。

通过政府法规制定的国家能源政策目前是印度尼西亚生物燃料项目最重要的政策基础。国家能源政策的目标是到2025年使可再生能源在整个经济中的使用量达到23%，到2050年达到31%，生物燃料对实现这些目标的贡献大致分别为139亿升和523亿升的使用。

为了实现国家生物柴油战略目标，印度尼西亚政府颁布了法律，实施碳税，并发布了总统条例，制定了碳市场机制，包括碳交易、基于结果的支付、碳税以及基于科学技术发展的其他机制。印度尼西亚政府从2022年7月开始对电力行业征收碳税，计划到2025年将其扩展到所有行业。

5. 其他国家与地区

印度分两步实施了生物柴油产业的国家发展规划。第一阶段：2003~2012年，示范项目启动，整个项目的协调和运作由政府负责完成，并对原料作物种植环节，脱粒、提炼、转化、调和等生产环节，市场运作和产品的流通环节以及实施过程中的问题进行探讨。第二阶段：2013~2020年，通过在全国扩大种植面积，扩大生产产量用以保证燃料供给，种植足够的油料作物。

印度是世界第三大石油进口国和消费国，印度一直致力于控制其石油进口费用。2022 年，印度政府修正《2018 年国家生物燃料政策》，旨在提高生物燃料产量，加快推进生物燃料掺混汽油进程。修正案主要内容有：①2023 年 4 月 1 日起在全国范围内逐步将乙醇掺混汽油比例提升至 20%。②允许更多原料用于生产生物燃料，全国范围内提高生物燃料产量。③将 2030 年实现 20%乙醇掺混比例的目标提前至 2025~2026 年度。④特殊情况下授权允许生物燃料出口等。此项修正案将促进印度生产更多生物燃料以降低石油产品进口，从而实现印度政府构想的 2047 年"能源独立"这一愿景。2022 年 7 月 4 日，印度财政部发布政策，扩大对乙醇和生物柴油的消费税豁免，以鼓励生产更多的生物燃料混合物。豁免消费税最初适用于 E10 生物燃料，但现在已扩展到 E12~E15 混合物。根据该政策，豁免也适用于由植物油制成的生物柴油 B20。

作为全球最大的豆油豆粕出口国，2010 年 1 月，阿根廷规定柴油中必须混合 5%的生物柴油。2020 年，掺混率一度跌至 5. 2%。2021 年政府表示当原料价格上涨过多，该比例可以降低到 3%。2022 年 6 月，柴油混合比例上调至 7. 5%，与此同时，在 60 天的临时期内（到 8 月中旬），中大型工厂可以提供 5%的额外增长，混合比例达到 12. 5%。业内人士表示，这 60 天的期限极有可能延长。

目前阿根廷生物柴油由官方定价，由于大豆和豆油没有税收抵免，生物柴油的实际出口关税更低一些。阿根廷通常也不允许进口生物柴油。生物柴油政策执行和推广力度低，激励措施少，政府并没有采取额外的行动来增加对生物燃料的需求。根据《排放差异报告》（2016），2014 年阿根廷占全球温室气体排放的 0. 7%。2021 年 11 月，阿尔韦托 · 费尔南德斯总统在苏格兰格拉斯哥举行的联合国气候变化会议上宣布，阿根廷在 2016 年提交的国家自主贡献（NDC）基础上进一步削减二氧化碳排放量，到 2030 年将其从 483（百万吨二氧化碳当量）降低到 349（百万吨二氧化碳当量）。实现这一目标的主要工具是扩大可再生能源（到 2030 年，能源矩阵中至少有 30%来自可再生能源），降低对化石燃料的补贴，扩大保护区，提高工业、交通和建筑的效率。2015 年，阿根廷通过了《国家支持使用可再生能源法》（第 27191/2015 号），要求到 2025 年至少有 20%的阿根廷总用电量来自可再生能源。2021 年，这一比例为 13%，2022 年 4 月和 5 月，可再生能源占总发电量的 16%。融资不足、新投资率低以及国家疲弱的经济形势，都减缓了对该行业的投资。阿根廷对国内市场使用的生物燃料没有具体的环境或可持续性标准要求，也没有最小碳强度（CI）值要求。阿根廷生物柴油商会（CARBIO）制订了一项自愿认证计划，生物柴油出口必须附有国际可持续发展和碳认证体系（ISCC）或法国“2BS 生物燃料自愿可持续计划”颁发的证书。2021 年 7 月 16 日，阿根廷国会通过了题为《生物燃料生产和可持续使用的法规和促进制度》的第 27640 号法律，取代了原定于 2021 年 5 月到期（2006 年发布）的第 26093 号《生物燃料法》。新法案将于 2030 年 12 月 31 日到期，并可能再延长 5 年。一些法规于 2021 年 10 月 19 日通过第 717/2021 号法令颁布，也有一些是在 2022 年 4 月 18 日通过第 184/2022 号法令颁布。此外，2022 年 6 月 16 日，第 438/2022 号决议修改了生物柴油的混合率。

最新的法规主要包括：①2021 年的《生物燃料法》规定，生物柴油与柴油的混合比例至少为 5%，但当原料价格上涨过多，导致生物柴油价格扭曲时，该比例可以降低到 3%。然而，2022 年 6 月，第 438/22 号决议确定柴油混合比例为 7.5%，仅由受委托的中小型工厂供应。与此同时，第 330/22 号法令规定，在 60 天的临时期内，任何当地生物柴油工厂都可以提供 5%的额外增长，包括到目前为止只有出口资格的大公司。因此，在这 60 天内，生物柴油的混合比例可能达到 12.5%。②必须使用当地生产的农业原料或有机废物。③免征生物燃料液体燃料税，征收化石燃料的二氧化碳税和液体燃料税。④能源秘书处将拥有管理和控制生物燃料的权力（它将决定官方价格、质量、混合率和对不合规的制裁）。⑤生产或提炼化石燃料的公司不能拥有或加入生产生物燃料的公司。石油公司可在未来将旧炼油厂改造为生产可再生柴油的公司，并参与官方授权，但是会受到

限制，除非是中小企业，方可生产可再生柴油。⑥如果市场条件允许，能源秘书处可以允许用当地生物燃料替代进口化石燃料。⑦能源秘书处将为国内生产的生物燃料消费设定条件，如公共汽车公司、卡车运输或农业机械设备公司使用的生物燃料。目前，生物柴油相对于大豆油有3%的名义差别出口税。然而，现在的有效差额接近10%。生物柴油的实际税率之所以较低，是因为大豆油没有享有出口税减免。2022年3月，阿根廷政府通过第131/2022号法令修改了大豆副产品出口税方案，立即生效，有效期至2022年底。生物柴油的名义出口税率提高了1个百分点，达到30%（实际税率为23.07%），大豆油和豆粕的出口税率也从31%提高到了33%。阿根廷没有为生物燃料生产商或消费者提供直接激励，但是通过退税和减税等其他措施提供支持。第26093/2006号《生物燃料法》通过生物燃料促进制度提供税收优惠，鼓励生产用于国内使用的生物柴油和生物乙醇，但除少数公司外，大多数公司都无法利用这些优惠。当阿根廷经济稳定后，柴油需求将以更快的速度增长，因为在商业部门，除了卡车运输之外，可供选择的运输方式有限，国家还没有采取重大措施来提高轻型和重型车队的能源效率标准。

二、我国生物柴油产业发展现状

（一）我国生物柴油产业发展的历程

我国的生物柴油产业起步较晚。2007年，我国已经建成的万吨级生物柴油生产企业约20家，但理论产量仅为30万吨。这些企业的原料来源大致分为两类：一类是餐饮废油，另一类是能源作物果实。根据《可再生能源中长期发展规划》的要求，到2010年我国生物柴油的利用量需达到20万吨，2020年达到200万吨。我国生物柴油发展经历了以下两个阶段：

1. 以餐饮废油为主要原料的阶段（2001~2006年）

我国2001年开始生物柴油产业的发展，当年9月在河北邯郸建立我国第一家以餐饮废油为原料的生物柴油企业，年产量为1万吨。2002~2006年，我国在全国各地陆续建成生物柴油企业，这是我国生物柴油产业发展的第一个阶段。该阶段的典型特征就是以餐饮废油为主要原料，少许企业同时用菜籽油和棕榈油生产少量生物柴油。代表性的企业包括四川古杉油脂化学有限公司（绵阳）、卓越新能源发展有限公司（龙岩）、无锡华宏生物燃料有限公司（无锡）、源华能源科技有限公司（福清）、星火生物能源有限公司（河南）等。

与传统石化柴油相比，以餐饮废弃油脂和食品加工业废弃油脂为原料的生物柴油可减少温室气体排放约80%。推广和使用这类生物能源，对于提高交通运输燃料可再生能源占比，减少柴油车温室气体排放，推动碳达峰、碳中和具有重要现实意义。经济性是餐饮废弃油脂制生物燃料发展最大的制约因素，若无相应补贴政策，油品销售企业销售这类生物能源产品就会面临亏损。完善政策和制度管理机制是推动餐饮废弃油脂制生物燃料发展的必要手段。

国家高度重视餐饮废弃油脂的管理，出台了一系列关于餐饮废弃油脂处理的法律法规，也开展了餐厨废弃物资源化利用和无害化处理试点工作。2010年在国家发展改革委等四部委的主导下，33个城市开展了餐厨废弃物资源化利用和无害化处理的首批试点。随着我国餐厨废弃物资源化利用和无害化处理工作不断加强，近年来已鲜有餐饮废弃油脂回流的相关报道。据不完全统计，目前我国餐饮废弃油脂收集利用量约为300万吨，其中，约150万吨用于生产生物柴油，约90万吨用于出口。2013年9月开始，上海采用餐厨废弃油脂闭环管理——生物柴油推广应用管理模式，建立了餐饮废弃油脂—生物柴油—B5柴油的封闭管理链条，制定和完善了财政配套支持政策，实施全程进行信息化无死角监管，推广效果良好。

2. 木本生物柴油的起步阶段（2007年至今）

我国生物燃料行业的发展受到了国家相关政策的支持和引导。2016年，国务院发布了《能源发展“十三五”规划》，提出要加快推进生物质能利用，到2020年，生物质能利用量达到5800万吨标准煤。2017年，国家发展改革委、农

业部等八部委联合发布了《关于促进非粮生物质液体燃料产业健康发展的指导意见》，明确提出到2020年，非粮生物质液体燃料产量达到400万吨。2016年，国家发展改革委发布了《可再生能源发展“十三五”规划》，提出要加快推动可再生能源技术创新。

从2007年开始，我国逐步尝试以能源林果实为原料进行生物柴油的生产，其与餐饮废油生物柴油构成了我国目前的生物柴油产业体系。其中，以麻疯树和黄连木的果实为典型代表，同时出现了以棉油脚、锦葵、油藻等为原料的新兴生物柴油企业。其中，最具代表性的有金桐福生物柴油公司（贵州）、海纳百川生物有限公司（益阳）、靖江生物能源科技有限公司（南京）、华成生物科技公司（天门）等。

相关研究表明，在生物柴油的制备成本中，原料成本占75%左右。我国发展生物柴油的一大障碍是原料问题，按照“不与人争粮、不与粮争地”的发展原则，我国生产粮食的土地不能用来种植生产生物柴油的油料作物，因此主要发展以废弃油脂和草本油料（食用性除外）为原料的生物柴油，这使生物柴油的原料供给不足，价格也一直居高不下。因此，如何获取廉价的原料是我们面临的首要问题，提高原料的转化率是降低生物柴油的生产成本、推广生物柴油应用的关键。而要长久地实现用生物柴油替代石化能源，就必须积极地开展科学研究，将先进的技术用于油菜籽、大豆等原料的改良研究中，增加原材料的含油量。同时利用沿海地区的微藻等建设可靠的、稳定的原料生产基地。

（二）我国生物柴油的市场现状

1. 市场需求旺盛

从2003年至今，我国柴油的价格在国际油价、石油供给和经济发展等多方面因素的影响下形成长期稳步上涨的趋势。截至2010年，柴油价格的调整次数达36次之多，频率明显加快。同时，价格上调的次数占总调整次数的69.4%，达到25次，柴油供应的紧张形势曾经使2008~2009年江、浙、粤、闽等沿海地区出现数次"柴油荒"，柴油的市场需求旺盛，价格持续上升，无疑给生物柴油——石化柴油的替代产品提供了广阔的市场发展空间。与欧美国家相比，我国生物柴油产业起步较晚。受国内生物柴油需求总量以及产品价格变动的影响，我国生物柴油市场规模呈现出较大的波动性。2021 年我国生物柴油市场规模约为 43.24 亿元，2022 年我国生物柴油市场规模增长至 66.23 亿元。2018~2021 年，我国生物柴油市场规模总体呈下降趋势。2021 年，我国生物柴油行业的市场规模约 20.05 亿元。根据《生物质能发展"十三五"规划》，2020 年我国生物柴油的利用量目标是 200 万吨，市场利用规模约 118.68 亿元，而 2021 年我国生物柴油市场规模远低于这一水平，可见国内生物柴油市场的利用潜力还未被有效开发。

2013~2022 年我国生物柴油行业市场规模及增速情况如图 3-2 所示。

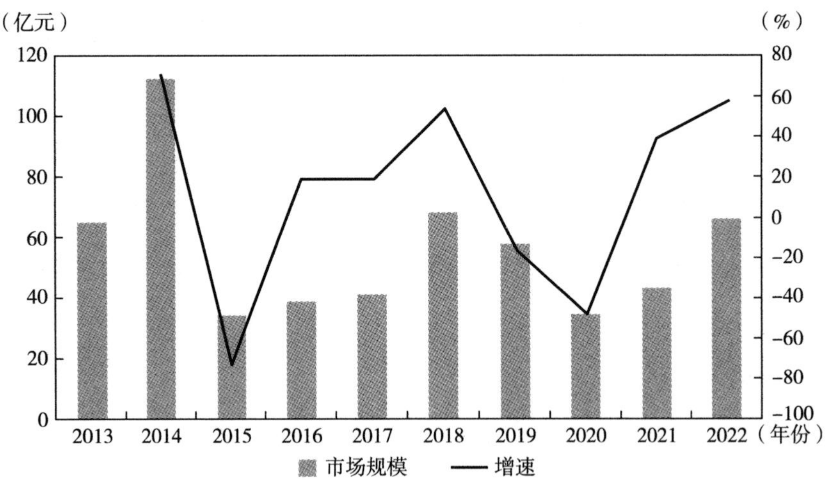

图 3-2　2013~2022 年我国生物柴油行业市场规模及增速情况

资料来源：华经产业研究院。

2. 市场供给情况

虽然我国对于生物柴油的研究与开发起步较晚，但产业发展速度很快，目前规模化发展的趋势已经形成，生物柴油企业采用的原料也从开始阶段的餐饮废油

逐渐转向资源潜力更大的木本油料植物的果实。2001 年，我国开始出现生物柴油生产企业。截至 2010 年底，我国生物柴油行业年产能超过 300 万吨，产能 1 万吨及以上的生物柴油企业有 37 家，其中，产能小于 5 万吨的有 18 家，5 万~10 万吨的有 11 家，产能达到和超过 10 万吨的有 8 家。以每吨生物柴油 7000 元计算，产值在 3 亿元以下的有 16 家，3 亿~10 亿元的有 17 家，10 亿元以上的只有 4 家。2005 年我国生物柴油产量约为 1. 5 万吨，2007 年底生产能力达到约 200 万吨，2010 年生产能力达到 300 万吨。

近几年国内多家生物柴油企业相继宣布生物柴油产能扩建或新建计划，在国内政策和海外需求的推动下，多家企业入局加剧了行业竞争。2022 年我国生物柴油行业企业数量达到 46 家，较 2021 年增加 2 家，同比增长 4. 55%。

生物柴油是典型的“绿色能源”，下游应用终端包括交通燃料、工业燃料、环保增塑剂、表面活性剂等。目前我国生物柴油主要应用于公路交通领域，2022 年我国公路交通领域应用占比达 35. 22%，其他领域占比 64. 78%。

近年来国内生物柴油价格持续上涨，2022 年我国生物柴油全年均价约为 10565 元/吨，较 2021 年上涨了 17%。生物柴油因价格较高，在国内市场难有竞争力，国内购销一直处于冷清状态，资源主供出口订单，故生物柴油价格主要受原料价格以及出口价格影响。目前国际原油高位、欧洲能源危机等因素拉动出口价格震荡上行，但最主要的影响因素还在于原料价格行情的变动。

2020 年部分生物柴油企业概况如表 3-7 所示。

表 3-7　2020 年部分生物柴油企业概况

企业	年产能力（万吨）	地点	投产与否
茂名中植环保	36	广东茂名	投产
古杉油脂化学	14（24）	绵阳、邯郸和福州	投产
柯迪树脂	15	广州	投产
无锡华宏生物燃料	10	江苏无锡	投产

续表

企业	年产能力（万吨）	地点	投产与否
福建龙岩卓越	5	福建龙岩	投产
丹东市精细化工厂	3	辽宁丹东	投产
福建源华	3	福建福清	投产
重庆华正能源	2	重庆	投产
江苏越红化工	2	江苏泰兴	投产
清江生物能源	75	江苏南京	投产
安徽国风	60	安徽合肥	投产
碧路生物能源	25	山东威海	投产
天宏生物能源	50	内蒙古通辽	投产
奥地利金山投资	25	湖北荆州	投产
河北东安实业	5	河北石家庄	投产
联美实业集团	5	上海	投产

资料来源：中国生物能源化工论坛（http：//www. cbbf. cn/forum/simple/index. php？ t8261. html）。

（三）我国生物柴油发展的政策与目标

目前我国生物柴油生产主要以餐饮废油（地沟油）为原料，但从长期来看还是应以木本油料作物为主。

在餐饮废油原料方面，为了扶持生物柴油企业，2006 年，《关于生物柴油征收消费税问题的批复》明确提出生物柴油产品免征消费税。为了规范生物柴油出厂品质，在《关于对利用废弃的动植物油生产纯生物柴油免征消费税的通知》中提出免征消费税的产品仅限于纯生物柴油产品。为了改善我国生物柴油企业原料供给不足的困境，国务院办公厅通过《关于加强地沟油整治和餐厨废弃物管理的意见》的颁布遏制地沟油利用乱象，为生物柴油企业创造良好外部环境。

而在木本油料作物原料方面，因为我国是世界第三大生物液态燃料生产国，其生物柴油产业发展明显滞后于燃料乙醇产业，为此，国家林业局出台加强能源林和生物柴油产业建设的规划和方案，具体包括《全国能源林建设规划》和《林业生物柴油原料林基地“十一五”建设方案》。规划要求在“十一五”期间，我国必须建成83万公顷生物柴油能源林，并在2020年增加至1330万公顷。政府还颁布了优惠政策，2006年出台的《关于发展生物质能源和生物化工财税扶持政策的实施意见》，涉及风险基金制度、实施弹性亏损补贴，原料基地补助，技术产业化企业的示范补助，以及税收扶持等四大方面的优惠政策。2007年出台的《生物能源和生物化工农业原料基地补助资金管理暂行办法》规定对能源林基地实施3000元/公顷的补贴。

在生物柴油生产的国家标准上，我国于2007年颁布《柴油机燃料调合用生物柴油（BD100）》，但这个标准只规定了生物柴油可以应用于化学产品、农用动力机械等方面，作为汽车燃料的使用还不合法。国家又于2011年2月1日正式实施《生物柴油调合燃料（B5）》（以下简称《B5标准》），在《B5标准》中，生物柴油可以添加到石化柴油中的做法得到明确，对生物柴油的储存、运输条件没有特殊要求，同时验证了生物柴油的使用不会明显影响汽车发动机本身和汽车动力，这意味着生物柴油可名正言顺地进入成品油零售网络。综合考虑生物柴油产量、市场销售情况及汽车业反应等因素，“B7”“B10”标准的制定将提上议事日程，“B20”标准在未来也可以考虑制定。

当前我国的生物柴油行业还处于初步发展阶段，行业技术需要进一步提升，生物柴油的应用范围需要有效开发，行业制度体系亟须完善，为此近年来国家出台了一系列政策支持我国生物柴油行业健康有序发展。其中，2022年1月，由国家发展改革委、能源局颁布的《“十四五”现代能源体系规划》提出，在“不与粮争地、不与人争粮”的原则下，提升燃料乙醇综合效益，大力发展纤维素燃料乙醇、生物柴油、生物航空煤油等非粮生物燃料。2022年6月，由国家发展改革委、能源局等部门联合发布的《“十四五”可再生能源发展规划》指出，要持续推进燃料乙醇、生物柴油等清洁液体燃料商业化应用，在科学研究动力和安全性能的基础上，扩大在重型道路交通、航空和航运中对汽油柴油的规模化替代。2021~2022年我国生物柴油行业国家部委相关政策如表3-8所示。

表 3-8　2021~2022 年发布的我国国家部委生物柴油行业相关政策

时间	颁布主体	政策名称	政策内容
2021 年 11 月	国家能源局、科学技术部	《“十四五”能源领域科技创新规划》	研发并示范多种类生物质原料高效转换乙醇、定向热化制备燃油、油脂连续热化学制备生物柴油等系列技术，形成以生物质为原料高效合成/转化生产交通运输燃料/低碳能源产品技术体系
2021 年 12 月	国家发展改革委	《“十四五”生物经济发展规划》	因地制宜开展生物能源基地建设，加强热化学技术创新，推动高效低成本生物能源应用。支持有条件的县域开展生物质能清洁供暖替代燃煤，在有条件的地区开展生物柴油推广试点，推进生物航空燃料示范应用
2021 年 12 月	国务院	《关于印发“十四五”节能减排综合工作方案的通知》	加快风能、太阳能、生物质能等可再生能源在农业生产和农村生活中的应用，有序推进农村清洁取暖
2022 年 1 月	国家发展改革委、能源局	《“十四五”现代能源体系规划》	按照“不与粮争地、不与人争粮”的原则，提升燃料乙醇综合效益，大力发展纤维素燃料乙醇、生物柴油、生物航空煤油等非粮生物燃料
2022 年 6 月	国家发展改革委、能源局	《“十四五”可再生能源发展规划》	持续推进燃料乙醇、生物柴油等清洁液体燃料商业化应用，在科学研究动力和安全性能的基础上，扩大在重型道路交通、航空和航运中对汽油柴油的规模化替代

随着全国节能减排政策制度日趋完善，绿色、低碳、循环发展的经济体系基本建立，绿色生产生活方式形成，经济和社会发展绿色转型取得显著成效。近年来全国各省市因地制宜，针对本省/市实际情况，出台了支持生物柴油行业发展的相关政策。其中，2022 年 6 月发布的《关于印发安徽省“十四五”节能减排实施方案的通知》提出，要推进农林生物质热电联产项目新建和供热改造，合理规划城镇生活垃圾焚烧发电项目，统筹布局生物燃料乙醇项目，适度发展先进生物质液体燃料，到 2025 年非化石能源占能源消费总量比重达到 15.5%以上。2022 年 7 月发布的《吉林省碳达峰实施方案》明确指出，鼓励生物质发电、生物质清洁供暖、生物天然气等生物质能多元化发展，以长春、吉林、松原、白城等地为重点，建设生物质热电联产项目，推动先进生物液体燃料等替代传统燃油。为深入推进节能减排和碳达峰碳中和决策部署，全面完成“十四五”节能

减排目标任务，加快推进全省经济社会绿色低碳发展。2021~2022年我国生物柴油行业部分省市相关政策如表3-9所示。

表3-9　2021~2022年我国部分省份发布的生物柴油行业相关政策

地区	时间	政策名称	政策内容
山西	2022年7月	《关于完整准确全面贯彻新发展理念做好碳达峰碳中和工作的实施意见》	扩大生物质能利用规模，推进生物质耦合（掺烧）发电。深入推进太阳能、地热能、生物质能等可再生能源在城乡建筑领域的规模化应用
北京	2022年2月	《北京市新增产业的禁止和限制目录2022》	禁止新建和扩建石油、煤炭及其他燃料加工业，但生物质燃料加工中保障城市运行的废弃物处理及资源综合利用项目除外
河北	2022年3月	《关于印发河北省“十四五”节能减排综合实施方案的通知》	因地制宜应用太阳能、浅层地热能、生物质能等可再生能源解决建筑采暖用能需求。优化农业农村用能结构，加快风能、太阳能、生物质能、空气源热能等可再生能源在农业生产和农村生活中应用，逐步提升清洁能源消费比重
安徽	2022年6月	《关于印发安徽省“十四五”节能减排综合实施方案的通知》	多远高效利用生物质能，推进农林生物质热电联产项目新建和供热改造，合理规划城镇生活垃圾焚烧发电项目，统筹布局生物燃料乙醇项目，适度发展先进生物质液体燃料。到2025年，非化石能源占能源消费总量比重达到15.5%以上
吉林	2022年7月	《吉林省碳达峰实施方案》	鼓励生物质发电、生物质清洁供暖、生物天然气等生物质能多元化发展，以长春、吉林、松原、白城等地为重点，建设生物质热电联产项目。推动先进生物液体燃料等替代传统煤油

第五节　生物柴油产业发展：国际比较与我国的特点

一、政策的支持：国际比较

在促进生物柴油的生产和鼓励消费方面，世界各国因经济发展水平和原料生产规模不同，行业规范各不相同，措施也多种多样。各国政府有的通过财政补贴，有的倚重投资政策，有的偏爱给予税收优惠，还有的给生物燃料用户补助，各种经济激励政策都为生物质能产业的发展提供了很好的支持。各国政府一般都通过规划及政府指令，对生物能源的长期持续发展给予保障。就美国而言，“发展生物基产品和生物能源”的总统令早在1999年8月就发布了，其中的内容就明确规划和制定了2010年和2020年生物基产品、生物能源的增长目标，同时也规定和制定了燃料油消费量中生物燃料消费的比例。另外，世界生物能源各主要生产国都制定了相关的法律法规，用以促进生物燃料生产、销售和使用。有的政府还通过立法确定了生物能源在可再生能源结构中不可动摇的战略地位，为生物能源产业稳定性发展提供了保障，让生物能源销售和消费渠道的畅通性得到了加强。

（一）海外政策明确陆上交通领域的强制添加比例

各国政策明确生物柴油需求，强制添加比例普遍为5%~15%，催生数千万吨级全球陆上交通需求市场。众多国家均明确提出了化石柴油中添混生物柴油的比例要求：①欧洲地区，2021~2030年交通运输中可再生能源消耗最低需达14%。受此政策指引，欧洲各国披露了当前及未来计划的生物柴油添加比例，普遍位于5%~10%。②亚洲地区，作为棕榈油的主要生产地，为了提振当地棕榈油使用需求，马来西亚和印度尼西亚的远期目标高达20%和30%。③美国亦要求2020年消费量达804万吨。在政策强制规定下，全球生物柴油需求量已超4000万吨/年，对应市场规模超4000亿元/年，其中，欧洲占比超三成。受全球“双碳”政策趋近、各国持续上调生物柴油添加比例的影响，全球生物柴油消费量由2000年的80万吨增长至2020年的4220万吨，对应复合增速达22%。结合目前超1万元/吨的生物柴油价格，当前生物柴油行业规模已超4000亿元/年。

（二）航空领域市场正待开启

航空特性决定氢能、电能短期内无法应用，国际民航明确采用可持续航空燃

料（SAF，指的是符合标准的可再生或源自废物的航空燃料）是核心减排方式。对于陆上交通来说，电能、氢能、生物质能都是替代化石燃料实现减排的手段，这也是在生物柴油添加比例持续提升的背景下，市场总体规模依旧维持在 4000 万吨/年的核心原因。但是，民航飞机的特点及现阶段的技术水平决定了氢能、电能、核能等新能源在短期内无法普及与应用，因此使用具备低碳、可持续特点的液体航空替代燃料必将是被重点关注的领域。国际民航组织（ICAO）在 2019 年国际民航组织大会上明确未来将通过使用 SAF 进行减排，并设立对应的要求及指标。

生物航煤是 SAF 中应用最广的品种之一，其中，废弃油脂是重要的原材料组成。SAF 可进一步分为可持续航空生物燃料（生物航煤）和可持续航空合成燃料（目前处于研究阶段）。而生物航煤的原料与生物柴油相同，在某种程度上我们甚至可以把生物航煤理解为生物柴油的加工升级品，而废油脂是制备生物航煤的重要原材料之一。

欧盟明确 2050 年生物航煤添加比例需达 63%，参考 2019 年欧洲航煤使用量，仅欧洲对生物航煤的潜在需求超 4300 万吨/年。可持续航空生物燃料（生物航煤）占航空燃料的比重在 2025 年需达 2%、2050 年需达 63%。参考新冠疫情前 2019 年欧盟 6854 万吨的航空燃料使用量，在最高 63%的添加比例预期下，生物航煤需求潜力超 4300 万吨/年。并且明确，为避免碳泄漏风险（如国际航班为降低燃料成本，可能选择在非欧洲地区加无 SAF 添加的普通航煤）以及欧盟航空企业的成本劣势，要求所有飞往欧盟地区的飞机都需采纳此标准，后续中国、美国等全球各国的生物航煤市场亦将陆续开启。

全球各国陆续落地生物航煤支持政策，加工产能进入高速放量期。已有 22 个国家/地区颁布了 SAF 相关法案（包含美国、日本、英国等）。2022 年 5 月，中石化生物航煤产品通过认证，生物航煤全球化稳步推进。根据 IATA 梳理，众多生物航煤产线将在未来 2~3 年内投产落地，迈入放量高峰期。

二、资源禀赋下原料的选择：我国的特点

我国生物柴油产业链由上游原料采购、中游生产制造、下游多元应用三部分组成，经过多年发展，产业链日趋成熟。从原料采购来看，废油脂行业规范化进程提速，大型餐厨处置企业有望突围。目前我国废油脂收运体系尚不规范，废油脂大多由个体经营者等非正规渠道收运处置，对环境与食品安全造成隐患。为整治行业乱象，中央及地方政府频繁推出规范化管理政策、推动建立废油脂收运体系，未来行业格局有望得到充分改善。2020 年 9 月，杭州通过“公开招标—签订协议—行政许可”的方式，与 9 家中标单位达成了废油脂收运服务合作，并参照生活垃圾管理方式对油脂收运处置量开展计量监管，基本建立起了规范的油脂收运体系。2021 年 7 月 2 日，国家发展改革委、住房城乡建设部联合印发《关于推进非居民厨余垃圾处理计量收费的指导意见》，明确指出要全面建立健全厨余垃圾收运处理体系及收费机制，严肃查处非法处置行为，这将有利于引导厨余垃圾流入合规渠道，实现厨余垃圾应收尽收、无害化处理和资源化利用。随着废油脂行业逐步走向规范化，废油脂资源有望更多地流向正规渠道，以餐厨处置企业为首的行业“正规军”有望受益。

从生产制造来看：①行业“扩产—出清”周期与国际油价密切相关，当前已基本完成格局洗牌。原油价格的高低决定了生物柴油作为能源替代品的价值，因此国际油价的起伏对行业的下游应用需求、资本开支计划具有显著影响。但在经历 2004~2010 年、2011~2017 年两轮行业洗牌后，行业产能已不再随国际油价波动而发生剧烈变化，2018~2021 年，行业产能增速极低，业内企业的扩产意愿趋于保守，资本开支情况保持稳定，行业已逐步迈入成熟期。②原料供给不足是约束行业扩张的深层原因。2006~2019 年，我国生物柴油行业产能利用率在 10%~40%之间波动，这表明大量生产设备长期处于停产、闲置的状态，产业链运行极不通畅。究其原因，由于上游缺乏稳定、规范的废油脂供应体系，中游生

产企业的经营连续性、产品供应稳定性均无法得到保障，导致企业无法按时交付订单，进而又阻塞了下游的产品消纳，企业陷入“原料不足—被迫减产—延期交货—订单减少”的恶性循环中，并最终受下游需求走低而亏损破产。③随着上游规范化力度的加大，行业产能利用率近年明显改善。除本身存在着地域分散、收集困难等供应难点外，地沟油还存在着去向不明的长期问题，一些不法分子为谋取私利，利用高价收购地沟油后，将其非法加工成饲料油、食用油回流市场。而随着近年上游原料市场规范化程度的提高，以及行业资本开支、扩产计划的保守谨慎，中游生产企业的原料供应情况得到有效改善，产能利用率快速提升。

从多元应用来看，烃基生物柴油（HVO）、SAF 作为新一代生物燃料，未来有望迎来快速成长期。相较于酯基生物柴油（FAME），HVO 拥有更好的燃烧性能与低温流动性表现，同时碳减排效应普遍更佳，且不再有掺混比例限制，是新一代的生物燃料。SAF 被视为全球航空业减碳的重要工具，潜在成长空间较大。

在生物柴油的生产中，选择什么样的原料在很大程度上决定了产业发展的方向和潜力。国际上截至 2020 年，世界各国近 75%的生物柴油来源于草本油料作物的大豆、油菜籽和棕榈油等（主要是欧洲和美国），15%来源于餐饮废油，只有不到 15%来源于木本油料作物（Arnaldo，2021）。在生物柴油主要生产国及地区，欧洲主要使用油菜籽，美洲的美国、阿根廷和巴西主要选择大豆。为什么不同国家会采取不同的发展路径？一般来说，基于资源禀赋的特征选择发展路径是一个有效策略。采用具有资源禀赋优势的原料具有以下优点：首先，具有资源禀赋优势的产品一般都是该国或地区生产效率较高、种植规模较大的农产品，采用这样的原料成本相对较低，符合产业发展和产业竞争的需要。其次，以生产效率较高、种植规模较大的农作物作为生物柴油的原料，可以从一定程度上提高农民收入和增加就业机会。最后，对于少数相关产品出口量大的国家来说，还可以达到降低出口依赖程度的效果。

而就我国的资源禀赋而言，土地方面因为人口众多、耕地面积有限，生物柴油原料的种植和利用不能与粮争地、与人争粮。现实国情使我们必须在现有生物柴油的几种原料中有所取舍。就目前来看，我国生产生物柴油的原料主要是餐饮废油，但就长期来看，木本油料作物将是主要的原料选择。而在木本油料作物中，又可以选择那些出油率、果实产量、自然分布、地理条件等比较适合的树种，按照我国的自然地理条件，木本油料作物可以选用麻疯树、黄连木、光皮树、文冠果、油桐和乌柏六种树种。同时，根据我国的实际情况、各省区资源禀赋的相关特征，一方面，对各种可能的原料进行充分挖掘、开发和利用；另一方面，对我国特有的荒山荒地以及盐碱地、沙地、矿山、油田复垦地等“边际性土地”进行有目的和保护性的开垦，这样在发展产业的同时既可以改善和利用国土资源，又可以加强各种能源作物的培育和开发，为降低生产成本提供基础，并为全面推广使用生物柴油等生物燃料发挥巨大的带动和促进效用。

本章小结

生物柴油产业在世界范围内有不同程度的发展，欧盟的生物柴油产业领跑全球。第一代液态生物质燃料是世界各国的主要产品，油菜籽、大豆生物柴油是主要代表，用非粮原料生产生物柴油仍然处于试点或小规模生产的阶段。

我国生物柴油原料在目前主要是餐饮废油，这与我国目前生物柴油原料的现状有着现实的联系。在如大豆、油菜籽等粮食油料作物方面，我国的国情决定了不能大规模使用这类作物作为原料；种植面积、收集成本、交通运输等条件的约束导致了原料供应难以形成规模；藻类植物的生产技术还难以支撑我国生物柴油产业发展的原料需求。

世界主要国家和地区（美国、巴西和欧盟）相应出台政策和法规扶持液态

生物质燃料产业的发展。一方面，通过立法，从国家长期发展战略的高度形成覆盖生产、消费和研发环节的法律体系；另一方面，通过财政和税收工具，对液态生物质燃料产业链条进行补贴。

我国生物柴油产业发展仍处于起步阶段，发展比较晚。截至 2022 年，我国生物柴油产量达到 211.41 万吨左右。我国粮食作物、草本油料作物富余较少，有些作物（大豆）甚至高度依赖进口，不具备作为生物柴油原料的条件。我国拥有丰富的非粮原料资源，不“与粮争地”和“与人争粮”的优势以及生产适应性特点使非粮生物柴油成为缓解能源安全问题和保障粮食安全的首选。

第四章　能源安全形势与生物柴油发展前景判断

现阶段，在国际原油市场处于高位运行的大背景下，我国的能源安全形势如何？发展生物柴油产业的前景如何？对这些问题的回答对于制定正确的能源多元化发展战略与生物能源发展策略，寻求经济与社会、资源与环境的可持续发展，具有重要的理论和现实意义。本章分析了我国当前所面临的能源安全形势，并结合当前生物柴油产业发展的现状，从产业发展前景和产品需求前景的角度，对我国的生物柴油产业发展前景进行了展望。

第一节　我国的能源安全形势

一、能源安全形势紧张

目前世界柴油生产和消费复苏，接近 2019 年水平。2021 年，世界柴油供给量约 2730.9 万桶/日，同比增长 3.5%；柴油需求量约 2767.2 万桶/日，同比增长 5.6%。世界经济恢复增长带动柴油需求上升；世界轻质原油产量增加，炼厂柴油平均收率回升；加上国际海事组织硫含量新规实施，带动柴油需求上涨，世界柴油供需过剩局面有所缓解。从全球范围来看，随着世界经济的增长，未来对不可再生能源的依赖性将不断增强。以柴油消费为例，2022 年世界柴油消费约为 21 亿吨，美国是主要消费国，欧盟和日本的柴油需求增速缓慢或呈负增长，美国和新兴国家的经济增长使柴油需求量持续上升。

世界运输用柴油的消费趋势如表 4-1 所示。

表 4-1　世界运输用柴油的消费趋势

国家或地区	2022 年消费量（万吨）	到 2030 年均增长率预测（%）	到 2035 年均增长率预测（%）
世界	410628	1.13	1.60
美国	88456	1.75	1.40
欧盟	31730	-2.71	-1.19
日本	14019	0.50	0.63
中国	18037	5.00	4.10
巴西	4898	2.62	3.50

资料来源：世界能源署 IEA（2011）、美国能源部能源信息局 EIA（2023）。

我国柴油表观消费量在 2015 年见顶后进入下降通道，2020~2022 年再度显著增长。但随着经济修复中第二产业对 GDP 增长贡献率的下降、商用车保有量增长空间有限，在能源转型升级、清洁能源替代等大趋势的影响下，柴油表观消费量的新峰值可能出现在 2026 年之前。2020 年以前，随着我国工业化进程加快，柴油表观消费量增速在 2010 年之后呈现放缓趋势，而消费量于 2015 年达到峰值后也呈现下降趋势，柴油需求量在 2020 年之前达到消费平台期。但 2022 年受到公共卫生、地缘、美联储开启新一轮加息缩表等的影响，经济发展遇到较大挑战，在这种情况下，基建项目的推进带动了国内柴油需求量的再度增长，出口量较往年显著减少，较 2021 年下降 36.55%。此外，因为表观消费量是通过“产量+进口-出口”得出的，我国柴油进口量一般在 120 万吨/年以内，对表观消费量影响较小，产量和出口量变动的影响更强。2022 年下半年全球成品油裂解价差上涨至历史新高，提振了炼厂生产积极性，全年柴油产量同比增长 17.07%。因此，2022 年柴油表观消费量得以再度突破 2015 年的峰值，达到了 18077.5 万吨的历史新高水平，同比增长 23.04%。随着我国石油进口量的持续快速增长，我国的能源安全与国际能源市场的联系越来越密切。我们必须了解世界能源市场的变化才能更好地预测我国能源安全面临的威胁与挑战。因此，在世界能源安全形势长期紧张的大背景下，我国的能源安全形势不容乐观。

二、能源进口依存度高

我国是世界上最大的发展中国家，特别是 20 世纪 90 年代以来，我国的经济总量和能源消费都出现了大幅度的增长，而经济的高速增长刺激了能源消费的快速增加。我国 GDP 由 1990 年的 18668 亿元增长到 2011 年的 472115.0 亿元，石油消费量从 11486 万吨增加到 47432 万吨。1990～1995 年、1995～2000 年、2000～2005 年、2006～2012 年、2013～2022 年各个时间段内，国内生产总值的年均增长率分别为 12.26%、8.63%、9.58%、8.47%、6.24%，而相应的石油消费量年均增长率为 6.94%、6.91%、7.71%、7.32%、6.82%。

虽然我国的石油产量也保持快速增长的态势，但仍然无法满足增长更加迅猛的石油消费，供需缺口需要通过进口石油来弥补。2011 年我国进口了 50838.81 万吨原油，2000～2022 年进口量的年均增长率高达 18.59%。我国对石油进口的过度依赖度、不安定的地缘政治、来源单一的石油进口以及剧烈波动和攀升的国际原油价格，是我国石油进口存在很大的不确定性的重要影响因素。如果国际原油价格高位运行，进口大量的原油会造成输入性通胀，从而导致国内通胀压力加大。石油是工业的血液，是基本的工业原料，价格传导机制会使油价上涨的影响传导至下游产业，体现在消费领域就是其他国民经济生活产品价格产生较大幅度的提升，反过来又影响人们对通胀的预期，通胀压力再次加大。居高不下的国际油价、不断提高的石油对外依存度、紧张的国内成品油供应，都不断影响着我国的能源安全形势，最直接的影响是不得不为大量进口的石油多支付上百亿美元。根据相关数据的比较，我国的原油进口平均价格屡创新高，尤其 2006~2013 年，上涨势头迅猛（见表 4-2）。

表 4-2 我国原油进口平均价格

年份	平均价格（美元/吨）	年份	平均价格（美元/吨）
2002	183.8	2013	488.9
2003	217.39	2014	510.3
2004	276.3	2018	470.2
2005	323.9	2020	481.6
2006	457.4	2022	488.3

资料来源：2002~2006 年数据取自《近 6 年我国原油进口平均价格比较排行》（http://ranking.worldenergy.com.cn/2008/0225/content_ 33278.htm），2013~2022 年数据根据世界能源署 IEA（2023）相关数据计算得到。

2022 年我国原油进口平均价格约为 488.3 元/吨，相当于 2004 年的 1.91 倍，2022 年我国为进口油多支付超过 1100 亿美元，2013~2022 年我国原油进口平均价格依然保持高位，能源供需处境艰难，能源安全环境十分恶劣。

接下来分析我国的能源消费结构，石油的消费比重 2022 年为 17.9%左右，发达国家一般在 40%左右，即使这样石油对经济贡献率的递增速度也远远大于煤炭。石油对外依存度已从 2000 年的 37.38%上升到 2021 年的 72%。作为反映能源安全形势重要指标的对外依存度如果过高，会造成国内物价持续普遍上涨，同时会给我国社会经济和国家安全带来威胁。从这个意义上说，作为具有重要意义的战略物资的石油，其对外依存度过高所带来的石油供应风险不应忽视。

经济增长与石油消费趋势如表 4-3 所示。

表 4-3　经济增长与石油消费

年份	GDP（亿元）	GDP 年均增长率（%）	石油消费量（万吨）	石油消费量年均增长率（%）	石油产量（万吨）	石油进口量（万吨）	对外依存度（%）
2000	103000	—	23000	—	16300	7013	37.38
2006	219400	11.26	34655	6.94	18368	16287	47.04
2011	487900	8.63	49000	6.91	20100	25400	56.48
2016	746400	7.84	55600	7.21	19960	38101	65.44
2021	1149200	6.22	70355	7.16	19898	51298	72.00
年均增长率（%）	9.38	—	7.32	—	—	—	—

注：①以 2000 年=100 的实际 GDP 计算年均增长率，分为 2001~2005 年、2006~2010 年、2011~2015 年、2016~2020 年及 2021~2022 年五个时间段的年均增长率。②对外依存度指进口依存度，即进口量与消费量的比值。

资料来源：《中国统计年鉴》（相应年份）。

三、石油消费的快速增长依然是长期趋势

1990 年以来，我国高速公路等交通基础设施快速发展，各种运输方式完成的客货运输周转量成倍增长（见表 4-4）。高速公路里程数从 1990 年的 500 公里增加到 2021 年的 16.1 万公里，年均增长率为 30.67%。2021 年的旅客周转量和货物周转量分别为 30984 亿人公里和 223600 亿吨公里，年均增长率分别为 8.71%和 8.24%。

表 4-4　经济增长与交通运输业发展

年份	GDP（亿元）	高速公路里程数（万公里）	旅客周转量（亿人公里）	货物周转量（亿吨公里）
1990	18668	0.05	5628	26207

续表

年份	GDP（亿元）	高速公路里程数（万公里）	旅客周转量（亿人公里）	货物周转量（亿吨公里）
2000	103000	1.63	12300	44300
2006	219400	4.53	19200	88840
2011	487900	6.36	31000	159300
2016	746400	13.10	31300	186600
2021	1149200	16.10	30984	223600
年均增长率（%）	9.76	30.67	8.71	8.24

注：①本表展示的是1990~2021年的年均增长率。②以1990=100的名义GDP计算年均增长率。
资料来源：《中国统计年鉴2022》《中国能源统计年鉴2022》。

交通运输业对能源的消耗主要是对汽油、柴油和煤油等成品油的消费。1990~2021年，我国成品油消费量从1990年的4942.1万吨增加到2021年的31974万吨，年均增长8.37%。其中，汽油消费量从1899.5万吨增加到34148万吨，年均增幅6.6%；柴油消费量从2691.7万吨增加到14692.2万吨，年均增长率为9.9%；煤油的消费量从350.9万吨增至3410万吨，年均增长7.8%。

以2019年为例，全国大部分油品消费量均大幅增长，且消费量增长均在10%以上，其中，柴油消费量达到14619.3万吨，增长17.66%；汽油消费量达12517.04吨，增长15.32%；煤油消费量达3869.6万吨，增长15.11%。

加工生产成品油的石油数量从1990年的7722万吨增加到2021年的70355万吨，年均增长率为8.78%，其占我国石油消费总量的比重也从1990年的67.2%增加到2011年的86.1%，其增量占到石油总消费增量的88.6%（增长贡献度）。上述分析表明，经济增长与石油需求增长之间的逻辑关系可以由交通运输业对石油消费的急剧上升来解释，换句话说，因为经济总量的快速提升，高速建设的交通运输设施为迅猛发展的交通运输业提供了物质保证，交通运输行业中的燃油消费数量也随之不断上升，进而使我国对石油的需求也不断上升。

成品油消费和石油消费情况具体如表4-5所示。

表 4-5　成品油消费和石油消费情况

年份	石油消费量（万吨）	年均增长率（%）	成品油消费量（万吨）	年均增长率（%）	成品油消费所需的石油量（万吨）	成品油消费所需的石油占石油消费总量的比重（%）
1990	11486	—	4942	—	7722	67.2
2000	23000	6.9	10926	9.4	17072	74.2
2006	34655	6.9	17890	7.6	27953	80.7
2011	49000	7.7	24300	8.7	37969	77.5
2016	55600	7.2	31300	7.7	48906	88.0
2021	70355	6.9	31974	7.4	49959	71.0
年均增长率（%）	7.2	—	8.37	—	8.78	1.16

注：按 1 吨石油可炼制 0.64 吨成品油计算。
资料来源：《中国统计年鉴 2022》《中国能源统计年鉴 2022》。

对成品油消费结构（见表 4-6）进行进一步分析可以发现，汽油的消费比例由观察时期初的 38.4%下降至期末的 29.1%；柴油的消费比例却从 54.5%增加至 64.8%；煤油消费比例从 7.1%变化为 6.1%。根据国家统计局统计，2021 年全国汽车、摩托车对汽油的消耗占汽油消费总量的 95%，民用航空消耗航煤占煤油总消费量的 77%，交通运输业消耗柴油占柴油总消费量的 62%。1995～2021 年这 27 年，成品油消费结构有所变化，柴汽比从 1995 年的 1.93∶1 上升为 2021 年的 2.19∶1，汽柴油消费量年均增速为 6.99%和 9.2%。

表 4-6　成品油消费结构

年份	成品油	汽油			柴油			煤油		
	消费量（万吨）	消费量（万吨）	年均增长率（%）	比例（%）	消费量（万吨）	年均增长率（%）	比例（%）	消费量（万吨）	年均增长率（%）	比例（%）
1995	7743.1	2909.6	9	37.6	4321.4	9.9	55.8	512.1	11.2	6.6
2000	10926	3504.9	3.8	31.4	6774.3	9.4	60.8	869.6	11.2	7.8
2006	17890	5248	7.6	30	11646	9.9	63.2	1151	5.1	6.8
2011	24300	7200	3.4	28.7	15000	10.9	64.9	1800	1.5	6.4
2016	31300	11899	8	28.8	16800	7.9	65	2603	4.5	6.2

续表

年份	成品油	汽油			柴油			煤油		
	消费量（万吨）	消费量（万吨）	年均增长率（%）	比例（%）	消费量（万吨）	年均增长率（%）	比例（%）	消费量（万吨）	年均增长率（%）	比例（%）
2021	31974	12282	7.31	29.1	14692	7.8	64.8	3410	3.79	6.1
年均增长率(%)	8.37	6.99	—	—	9.2	—	—	7.2	—	—

资料来源：《中国统计年鉴 2022》《中国能源统计年鉴 2022》。

综合上述描述性统计分析可知，交通运输业对石油需求的比重已经达到 80%以上，对柴油的需求由于受柴油价格不断攀升影响，比重正在缓慢下降，但是年均增长率仍为 9.2%。此外，在交通运输业中，汽油和柴油的消费在各自消费总量中的比例已经分别达到了 95%和 62%，造成这种情况的原因是：随着人们收入提高速度加快，普通百姓家庭的汽车消费不断增加，汽车的消费的条件如四通八达的公路网建设逐渐完善。另外，近年来大众的消费观念因汽车信贷业务的开展以及汽车价格不断下调得到改变，汽车工业在短时间内呈“井喷”式发展。我国汽车产量在 2000~2011 年以年均递增 28.5%的速度飙升，大幅增加了汽车保有量，使成品油消费上升速度明显①。

第二节　生物柴油在我国的发展前景

一、产品需求前景

目前，汽车柴油化已成为汽车工业的一个发展方向，到 2030 年，世界柴油

① 《中国能源年鉴》编辑委员会．中国能源年鉴［M］．北京：科学出版社，2011.

需求量将会比 2022 年增加 35%，而柴油的供应量严重不足，这都为生物柴油行业提供了广阔的发展空间。

（一）运输行业柴油需求量预测

市场容量决定了市场潜力的上限，而市场潜力则反映了市场容量的大小，但根本上取决于消费者的潜在需求。生物柴油的应用主要在于部分替代石化柴油，同时，通过小规模的试点逐步展开，从而使生物柴油产品向整个柴油市场进军。从生物柴油在推广中的各项特征及生物柴油在国外的应用经验反馈来说，对于未来我国生物柴油的需求量及市场发展潜力的测算，可以用交通运输业的柴油消费市场规模（需求量）来表现。

柴油的消费一般具有长期趋势且具有稳定性，因为它往往受到经济、环境、政策、消费者预期等多方面的影响。鉴于这一特性，这里可以采用建模的方法对未来我国交通运输产业需要的柴油量进行预测。对于数据，可以选择使用时间序列。而在时间序列模型中 ARIMA 模型是比较成熟也是使用最多的，因为它不仅适用于数据的微观预测，同样也适用于整体的宏观分析，这主要是因为 ARIMA 模型对序列本身的特点比较切合，同时对于中短期预测有着不错的效果。因此这里我们在对我国生物柴油需求进行预测时，选择使用 ARIMA 模型进行。

为了使数据的准确性和充实性得到保证，在数据的选取方面，我们运用了《中国能源统计年鉴》中我国 1982~2022 年交通运输行业柴油消费量，并进行了相应的可比性处理，这样才能得到稳定且准确的预测数据。具体如表 4-7 所示。

表 4-7　我国 1993~2022 年交通运输行业柴油消费量　　单位：万吨

年份	消费量	年份	消费量
1993	1002.4	1997	1379.5
1994	997.9	1998	1901.9
1995	1246.6	1999	2221.7
1996	1261.1	2000	3293.81

续表

年份	消费量	年份	消费量
2001	2671	2012	11985.12
2002	2964.8	2013	13102.92
2003	3485.2	2014	13891.66
2004	4182.2	2015	14587.47
2005	5890.41	2016	15083.37
2006	6547.32	2017	15896.82
2007	7184.37	2018	16112.66
2008	7649.31	2019	16872.15
2009	7891.96	2020	14984.38
2010	8518.56	2021	15044.21
2011	10364.61	2022	15365.6

资料来源：1993~2022年数据来源于《中国能源统计年鉴》。

1. 对数据的平稳性检验

为了检验数据序列是否平稳，我们可以对时间序列进行平稳性检验。通常的做法是先使用散点图或折线图对序列的平稳性做一个初步的判断。然后采用ADF单位根检验来对该序列的平稳性进行精确判断。

如果初步判断为非平稳的时间序列，且存在一定的增长或下降趋势，我们可以对数据取对数或进行差分处理，然后判断经处理后序列的平稳性。重复以上过程，直至数列成为平稳序列。使用Stata统计软件，我们可以得到我国交通行业柴油需求量的时序图（见图4-1）。

从时序图中可以看出这个时间序列向上且具有长期的无季节性周期趋势的特征，可以判断它并不是平稳的，因此需再对时间序列的数据进行一阶趋势差分调整（见图4-2），从调整后的时序图来看，经过处理后的交通运输行业柴油消费量时间序列呈现无常数均值、无趋势的平稳性序列的特点。为了量化检验结论，可以通过单位根ADF检验进行操作，运用Stata软件得出结果，处理后得到表4-8。

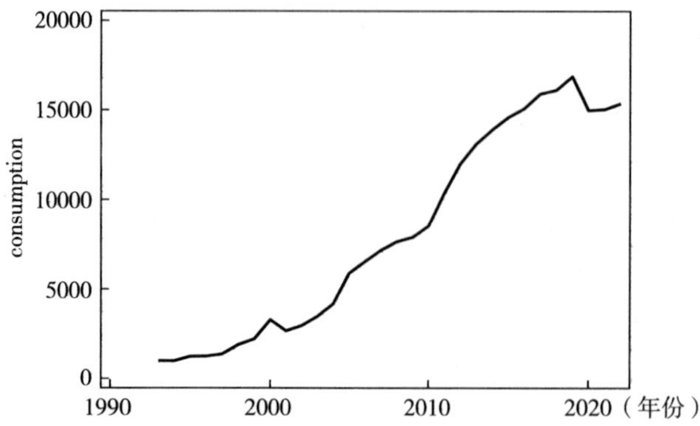

图 4-1 交通运输行业柴油消费量的时序图

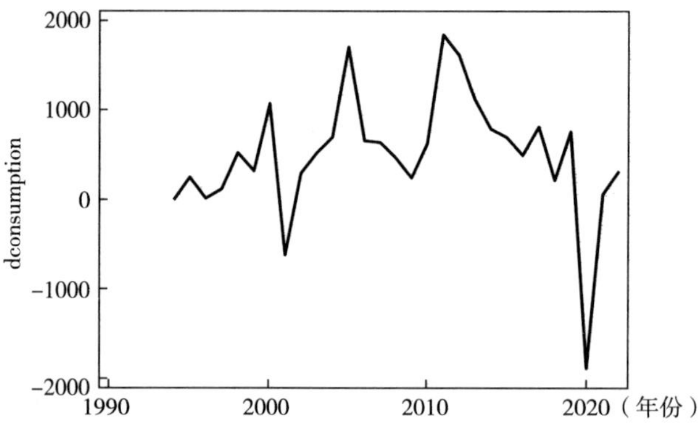

图 4-2 一阶差分处理后的柴油消费时序图

表 4-8 ADF 检验结果

		t-Statistic	Prob.
ADF test statistic		0. 309129	0. 9735
临界 T 值	1% level	-3. 752496	—
	5% level	-2. 998064	—
	10% level	-2. 63852	—

从 ADF 检验结果中我们可以看出，一阶差分后的交通运输用柴油消费量

ADF 统计量的 t 值为 0. 309129，统统大于 1%、5%和 10%临界的 t 值，且其 P 值为 0. 9735>0. 05，因此在置信水平为 90%的情况下，拒绝非平稳性的原假设。

2. 对数据的纯随机性检验

因为是单一时间序列，我们还要检验时间序列的期望和方差是否为常数，即检验平稳性序列是否为白噪声序列，因此还需要对平稳序列进行纯随机性检验，一般的做法是使用 Q 统计量的卡方检验。这里可以对一阶差分后的平稳性时间序列作相关性检验，为了消除平稳序列短期相关的一般特征，我们选择使用延迟 16 期的数据进行纯随机性检验，使用软件可以得到表 4-9。

表 4-9　平稳性序列的随机性检验结果

滞后期	Q-Stat	Prob
4	2. 0848	0. 0072
6	10. 571	0. 0103
8	11. 642	0. 0168
10	12. 641	0. 2485
12	14. 892	0. 0476

从检验结果表中我们可以看出，滞后 4 期时，统计量 Q-Stat 的值 2. 0848，而 P 值则为 0. 0072<0. 05；当滞后 8 期时，统计量 Q-Stat 的值为 11. 642，相应的 P 值为 0. 0168<0. 05，根据检验规则我们可知该序列为非白噪声序列，可以拒绝此平稳性时间序列为白噪声序列的原假设。

3. ARIMA 模型的识别与定阶

为了选择适合的 ARMA（p，q）模型对选定的我国交通运输业柴油消费量时间序列进行拟合，我们可以根据估计时间样本系列的自相关系数 p 和移动平均阶数 q 的值来完成，而这一方法要通过对自相关系数（ACF）和偏自相关系（PACF）的估计值实现。根据这种方法，我们对 ARMA（p，q）模型的选择是通过样本的 ACF 和 PACF 的拖尾和相关阶数的截尾来决定的，选择的原则是这样的：只有当 ACF 和 PACF 都是拖尾的时候才能选择 ARMA（p，q）模型；当 ACF 是拖尾、PACF 是 p 阶截尾时选择 AR（p）模型；当 ACF 是 q 阶截尾、PACF 是拖尾时只能选择 MA（q）模型。

运用软件对平稳性时间序列进行自相关和偏自相关分析，得到相关图像来观察各自的拖尾与截尾情况，此时我们发现，依照图形定阶具有太多的主观性，因为我们选择的是随机样本，ACF 和 PACF 都是拖尾的理想情况一般很难出现，为此我们可以根据 Akaike 提出的 AIC 准则对组合拟合模型进行优劣的选择，借助参数构建多种不同的 P 和 Q 或 p 和 qd 组合选择，通过判断 AIC 函数值的大小来选优，谁最小选择谁，从而选择好最好的拟合模型 ARIMA（p，d，q）作为方程，得出我们想要的结果。

因此，我们通过运用统计软件对模型中自相关和偏自相关系数进行多种组合，分别对 AMIRA（1，1，1）、AMIRA（1，1，0）、AMIRA（0，1，1）、AMIRA（0，1，1）做回归。显然，我们的时间序列数据平稳性要求决定了只能使用一阶以上的处理序列，计算各个组合的 AIC 和 BIC 函数值，结果如表 4-10 所示。

表 4-10　AIC 值 BIC 值比较下的 AMIRA 模型多组合选择

拟合模型的组合	标准误差	AIC 值
ARIMA（1，1，1）	3605.444	14.41212
ARIMA（1，1，0）	356.8222	15.34291
ARIMA（0，1，1）	394.4333	15.33552

从表 4-10 中我们可以看到，ARIMA（1，1，1）模型组合中的 AIC 值比较小，根据原则，模型就选择为 ARIMA（1，1），通过软件可以得出模型的表达式为：

$$\hat{B}_t = 360.1075 + (1 - 1.274B)\mu_t \qquad (4.1)$$

式中，$\hat{B}_t$ 为需要得到的预测值。

4. 对拟合模型的效果检验

拟合效果的好坏需要通过检验残差序列来检验，如果残差序列是白噪声序列，通常认为所拟合的模型比较好或是有效的；反之，则需要对模型进行重新拟合，它反映了在模型应用过程中是否针对原时间序列提取了充分的信息。运用统计软件对拟合的模型做相关检验，白噪声检验的结果如表 4-11 所示。

表 4-11　残差检验模型的白噪声检验

滞后阶数	t 值	P 值
2	1.234	0.882
4	1.937	0.927
6	2.558	0.654
8	3.413	0.914
12	5.679	0.482

从表 4-11 中可以看到残差的 P 值在滞后多期中都大于阈值 0.05，从而不能拒绝该序列为白噪声序列的原假设，模型拟合效果是有效的，反映了模型提取了原时间序列充分的信息，模型的拟合度较好。

5. ARIMA 模型下我国交通运输行业柴油消费量的预测

我们通过拟合模型的表达式，拓展样本空间至 2032 年，对 2023~2032 年我国交通行业柴油消费量进行了预测，结果如表 4-12 所示。

表 4-12　我国交通运输业柴油需求预测

年份	交通运输行业柴油需求量（万吨）	年份	交通运输行业柴油需求量（万吨）
2023	15685.41	2028	17414.91
2024	15578.28	2029	17694.26
2025	16079.44	2030	17807.58
2026	16681.57	2031	18107.79
2027	16209.73	2032	18547.65

从预测结果中我们可以看到，2030 年我国交通运输业柴油的需求量将达到 17807.58 万吨，相比于 2023 年的 15685.41 万吨，增长了 13.53%，而 2032 年这个比例将增至 18.25%。

（二）我国生物柴油的需求量预测

截至目前，我国生物柴油市场化的运作和发展还没有得到实现，生物柴油产品在市场中没有流通运作。因此，柴油市场对生物柴油的依赖性几乎为零。另外，燃料乙醇在我国不好的市场化口碑使生物柴油在消费者的心中认可度较低，从某种意义上可以说，生物柴油的需求量在市场中非常少。

另外，因为在以后相当长一段时间内我国石油生产量将基本维持在现有水平甚至还有低于现在产量的可能，这样会提高我国的石油对外依存度。我国从 1993 年开始成为石油净进口国，以后各年原油对外依存度一路攀升，石油对外依存度以年均 2%的速度增长，2009 年突破 50%警戒线，2011 年石油对外依存度已然达到 56%。原油对外依存度的不端攀升，使我国巨大的石油需求转向了国际石油市场，更凸显了我国石油的安全问题。能源安全的形势必会促进开发与利用能源替代产品，在这种条件下，生物柴油作为优质的替代能源，其发展具备了充分及广阔的市场空间。

与此同时，政府推广生物柴油产品的政策正逐步出台，这将不断促进生物柴油的生产和流通。2009 年 4 月 2 日，《海南省人民政府办公厅关于印发海南省生物柴油推广使用工作方案的通知》下发，国内第一次明确了在全省范围内应用生物柴油，并实施全省生物柴油的封闭运行，全省所有的柴油零售批发网点推广使用含 5%生物柴油的柴油机调和燃料（BDS），禁止没有掺和生物柴油的石化柴油销售。这一政策的试点给生物柴油的流通带来了巨大的促进作用，生物柴油的市场化推广有了具体的实践依据。

生物柴油在交通运输行业中有着多种用途，如汽车及机械用油、润滑剂、燃料用油等，但最终目的是在市场中实现流通。比较可行的方法是在车用柴油中进

行试运行，对车用柴油进行比例添加，市场的推广地点一般就放在加油站。

因此，生物柴油的需求可以结合车用柴油（交通运输、仓储及邮政）的未来需求量来进行估算。结果如表 4-13 所示。

表 4-13　不同替代率下我国生物柴油的需求量预测

年份	交通运输用的柴油需求量（万吨）	不同替代率下生物柴油的需求量（万吨）			
		1%	2%	5%	10%
2012	10985.41	109.85	219.71	549.27	1098.54
2013	11578.28	115.78	231.57	578.91	1157.83
2014	12079.44	120.79	241.59	603.97	1207.94
2015	12681.57	126.82	253.63	634.08	1268.16
2016	13209.73	132.10	264.19	660.49	1320.97
2017	13414.91	134.15	268.30	670.75	1341.49
2018	13694.26	136.94	273.89	684.71	1369.43
2019	13807.58	138.08	276.15	690.38	1380.76
2020	14107.79	141.08	282.16	705.39	1410.78
2021	14547.65	145.48	290.95	727.38	1454.77

从表 4-13 的预测结果来看，生物柴油替代石化柴油的潜力是巨大的，若把生物柴油以 5%的比例混合销售，2020 年可以替代 700 多万化石柴油，这对生物柴油产业的发展和能源安全的缓解有着巨大的促进作用。

二、生物柴油的产业发展前景

（一）产业发展暂时的艰难与挣扎

由于生物柴油产业链上下游涉及行业领域广阔，同时对生产技术有着较高要求，行业存在资金、技术、渠道等壁垒，会给新进入企业或初创微小企业的发展带来诸多困难。而当前行业中已经存在的一批龙头重点企业不仅占据了较大的市场规模，还拥有丰富的上下游资源、广泛的业务布局，其强大的综合实力将对微小企业形成一定的挤压。在当前市场竞争激烈的形势下，行业的重点企业将继续抢占赛道扩大规模，而难以支撑下去的微小企业将逐渐退出，未来我国生物柴油的行业集中度将进一步提升。

柴油车市场自2015年以来一直面临全球销量下滑的形势。根据数据，柴油车销量从2015年的970万辆下降至2019年的740万辆，降幅达24%。这种下降可归因于更严格的排放法规、柴油车税收增加以及替代燃料技术的进步等因素。在传统柴油车的大本营——欧洲，柴油车销量出现了大幅下滑。2015年，柴油车占欧洲新车销量的50%以上，但到2019年，其市场份额已降至30%左右。欧洲柴油车销量的下降可归因于更严格的排放法规、大众汽车排放丑闻以及公众相关健康风险意识的提高。在美国，与汽油动力汽车相比，柴油汽车的销量一直相对较低。根据国际能源署的数据，2019年柴油车仅占美国汽车总销量的3%。这可以归因于美国柴油燃料的成本较高、市场上柴油车型的可用性相对较低。

近年来，我国柴油车市场一直在稳步增长。2019年，我国是最大的柴油车市场，占全球柴油车销量的40%以上。这可以归因于我国对商用车的高需求，如通常以柴油为动力的卡车和公共汽车。然而，我国政府也一直在推广使用替代燃料汽车，如电动汽车（EV），以对抗空气污染和减少碳排放。2020年，我国政府宣布计划到2022年在主要城市逐步淘汰柴油卡车，这进一步抑制了我国柴油车的前景。尽管政府在大力推动电动汽车发展，但由于对商用车的高需求，预计短期内我国的柴油车销量仍将增长。然而，从长远来看，替代燃料汽车的趋势可能会继续，柴油车预计将面临来自电动汽车和其他替代燃料汽车的冲击。

我国生物柴油产业发端于民营企业，且其产业发展比较晚、规模比较小。截至目前，各生物柴油生产企业所使用的原料主要为餐饮废油，由于原料供应的问题，生产规模难以扩大。而作为原料的餐饮废油的供给数量有限，收集成本也比较高，使以此为原料的生物柴油产业的发展受到很大限制。同时，以木本油料作物为原料的生物柴油发展虽然已经起步，但国家政策尚未给予强有力的支持。例如，我国很早就出台了《生物能源和生物化工农业原料基地补助资金管理暂行办法》，并明确规定了对林业原料基地给予 3000 元/hm^2 的补助，但政策的执行没有达到预期的效果。

总体来说，我国生物柴油产业近期发展态势良好，政策支持、产能扩大、技术进步和市场需求增长等因素推动了产业的快速发展。然而，该产业仍然面临一些挑战，如原料供应不稳定、生产成本高等问题，需要进一步加强研发和创新，提高生产效率和降低成本，以推动产业的可持续发展。

（二）产业发展未来的前途光明

生物质能是我国农村绿色能源产业化的战略方向。从国务院印发的《关于加快建立健全绿色低碳循环发展经济体系的指导意见》提出“增加农村清洁能源供应，推动农村发展生物质能”，到国家能源局、农业农村部、国家乡村振兴局联合印发的《加快农村能源转型发展助力乡村振兴的实施意见》提出“到 2025 年，将形成一批农村新能源试点单位，大幅提升风电、太阳能、生物质能等占农村能源的比重，加快形成绿色、多元的农村能源体系”，可以看出，农村地区合理开发生物质能，实现能源绿色转型发展，是满足人民日益增长的美好生活需要的内在要求，对于农业和农村实现碳达峰、碳中和目标及现代化具有战略意义。

近年来，国家出台的多部政策规划都提出了开展生物柴油推广试点，加快研发多种类生物质原料高效转化乙醇、定向热转化制备燃油、油脂连续热化学转化制备生物柴油等系列技术，鼓励生物质发电、生物质清洁供暖、生物天然气等生物质能多元化发展，推动先进生物柴油等生物燃料替代传统燃油。在国家支持力度加大的形势下，将为生物柴油产业带来更多政策红利，为国内生物柴油企业发展经营提供稳定良好的环境。同时，近年来生物柴油企业持续稳步推进降本增效工作，加强对采购成本、生产成本、运营成本等的精细化管理，努力提高生物柴油优质产品获取率，从而提高自身盈利能力，未来柴油企业经营效益向好。由于生物柴油原材料价格波动是影响企业生产成本的主要因素，对其的收购涉及原料收集、加工、运输等多个环节，同时也会受到原油、植物油大宗商品价格以及原料回流其他领域等的影响，存在较大的价格风险。近年来国内生物柴油企业的生物柴油产销量增长势头良好，出口价格持续上升，但与此同时，也面临原材料价格上升与人民币升值带来的不利影响。随着未来生物柴油原材料价格的上升、欧盟等重要出口地区生物柴油政策标准不断变化、应用领域对生物柴油工艺质量提出更高要求、企业生产研发投入加大，将推动生物柴油成本增加，未来生物柴油的价格将持续走高。

从需求来看，我国目前正处于快速工业化和现代化的进程中，对汽车的需求和消费将维持高位运行。进入新世纪，我国汽车市场迅猛发展，2022 年我国汽车生产量突破 2718 万辆。随着近年来行业下游市场的不断发展，我国多缸柴油机市场需求量持续增长，推动了我国多缸柴油机销量稳步增长。2020 年受“国六”标准的影响，行业销量大幅增长。根据华经产业研究院发布的《2023-2028 年我国多缸柴油机行业市场深度评估及投资战略规划报告》，2021 年我国多缸柴油机销量为 532. 86 万台，同比下降 0. 39%。截至 2022 年 9 月，我国多缸柴油机销量为 290. 44 万台。同时，汽车非柴油化已成全球化的发展趋势，这也是节约型经济和环境保护的迫切需要，据国务院发展研究中心产业经济研究部预计，到 2020 年我国汽车销量应该在 2200 万～2500 万辆，届时如果柴油轿车保有量能达到 30%的水平，那么国内将有近 700 万辆柴油轿车的巨大需求空间，加上农村居民的家用轿车保有量，总的家用汽车保有量预计将达到 8000 万辆，我国柴油轿车的市场前景十分广阔，这给柴油消费留下了巨大的市场空间。由于国内汽车市场的火爆，对柴油的需求相应不断增加，在原油对外依存度不断攀升的潜在威胁下，替代燃料产业的发展出现契机，来自生物柴油的补充迎合了社会发展的步伐。

在政府的政策方面，2009 年 1 月 1 日起，国家宣布对同时符合下列条件的纯生物柴油免征消费税：①使用废弃的动物油和植物油用量作为生产原料所占比重不低于 70%。②符合国家《柴油机燃料调合生物柴油》（BD100）标准的生物柴

油产品。免征符合条件的生物柴油消费税后，相当于降低每吨生物柴油的生产成本约 900 元，对生物柴油的市场竞争力的增强有着直接的影响，同时对生物柴油行业的发展也有促进作用。与此同时，标准制定导致的成本的降低对于整治“地沟油”回流餐桌有着重要的作用。2010 年 7 月 13 日，国务院办公厅印发《关于加强地沟油整治和餐厨废弃物管理的意见》，其中明确规定了要加强餐厨废弃物的管理、推进餐厨废弃物资源化利用，以集体食堂和大中型餐饮单位为重点，推行安装油水隔离池、油水分离器等设施，这为餐饮废油的收集提供了现实的便利。

在市场化方面，国家质检总局、国家标准委在 2011 年 2 月 1 日正式实施中华人民共和国国家标准，向社会发布了 264 项国家标准。《生物柴油调和燃料（B5）》（以下简称《B5 标准》）也包括其中，该标准编号为 GB/T 25199—2010。生物柴油作为替代能源从此有了正式身份，严格来说该标准只是一种化学品的产品标准。颁布和实施《B5 标准》，成品油市场对国内生物柴油打开了大门。在生物柴油添加到石化柴油的标准中，既没有特殊的储存、运输条件和要求，又不会明显影响汽车发动机本身和汽车动力，与燃料乙醇（E10）一样，其市场应用具有并入国家柴油购销体系的能力。

因此，对于我国生物柴油产业的发展来说，从生物柴油原料培育、产品的生产加工到产品的销售使用与市场推广等各个环节，生物柴油未来的发展前景十分不错。同时，生物柴油加工技术、原料生产和收集技术、副产品的综合利用在未来将会得以加强，生产生物柴油可能产生的环境、生态及经济外部性影响不可估量，我国未来的生物柴油产业必然能健康、持续地发展。

本章小结

要缓解我国因能源供给不足造成的经济影响，需要出台更加细化的政策措施。交通运输行业柴油巨大的需求和不断攀升的原油对外依存度给能源安全带来了巨大的挑战，这给我国生物柴油产业的发展带来了空间。

在原油供给方面，不断扩大的对外依存度将制约经济持续增长，寻求石油产品的替代能源已经刻不容缓。

生物柴油产业的发展既能从国家安全的高度保证经济持续增长、缓解能源安全威胁，又能扩大燃料的供给以振兴我国车用燃料市场。由此可见，生物柴油产业在我国的发展具有广阔的空间。

第五章　生物柴油的原料资源潜力

分析我国生物柴油的发展潜力，首先是要了解生物柴油原料的资源潜力。因为，对于生物柴油的发展而言，原料在产业发展过程中意义重大，它既是生物柴油生产成本的最大部分，也是目前困扰生物柴油产业规模化发展和产品市场化运作的最大问题。准确掌握生物柴油的原料资源潜力，是挖掘我国生物柴油产业规模化发展和推广生物柴油产品市场化运作的前提。本章的目的是通过建立资源潜力的计算模型，估算出生物柴油原料资源的潜力。

第一节　生物柴油的原料资源潜力的定义及计算方法

生物柴油的原料资源潜力，即在现有的技术条件下，按照一定的原料种植、收集和管理水平，在未来一定时期内能取得的原料资源的数量。

从前文我们知道，目前在政府规制的作用下生物柴油原料基本限定在两个部分：第一部分为木本油料作物，第二部分为餐饮废油。我们按照前文对生物柴油原料选择的分析：木本油料作物的树种应选择麻疯树、黄连木、光皮树、油桐、文冠果和乌桕这六种主要木本油料作物。

因此，根据假设，我们可以把生物柴油原料的资源潜力定义如下：

$$B=\sum_{i}^{6}B_i+B_r \tag{5.1}$$

其中，B 为生物柴油原料油资源的总潜力，$\sum_{i}^{6}B_i$ 为原料选择中六种木本油料作物的原料油资源数量，B_r 为餐饮废油的原料油资源总量。式(5.1)表明生物柴油的资源潜力等于木本生物柴油的资源潜力与餐饮废油的原料潜力之和。

第二节　木本油料作物资源潜力的估算

目前，我国发展木本生物柴油的资源潜力主要取决于用作种植木本能源植物的土地资源面积和单位面积产量。因此，要计算木本油料作物的资源潜力，就必须把种植木本油料作物的土地资源潜力计算出来，假定单位面积产量在一定的时期内同级别质量的土地中维持一致。

一、木本油料作物适宜性土地潜力

我国已经明确规定，发展生物柴油等生物燃料产业其原料的生产不能与人争粮、与粮争地，不与人争粮的原则决定了原料资源只能从非粮能源作物中取得；而不与粮争地的原则则决定了适宜木本油料作物的土地只能限定为宜林荒山荒地等边际土地。

全国Ⅰ、Ⅱ、Ⅲ等宜能荒地面积各省份分布如表 5-1 所示。

表 5-1　全国Ⅰ、Ⅱ、Ⅲ等宜能荒地面积各省份分布　　单位：万公顷

省份	总计	Ⅰ等宜能荒地	Ⅱ等宜能荒地	Ⅲ等宜能荒地
北京	1.60	—	—	1.60

续表

省份	总计	Ⅰ等宜能荒地	Ⅱ等宜能荒地	Ⅲ等宜能荒地
重庆	54.06	—	27.96	26.10
吉林	136.60	—	55.60	81.00
辽宁	14.65	9.35	—	5.30
黑龙江	79.40	17.60	44.70	17.10
内蒙古	443.06	71.93	131.53	239.60
河北	4.80	—	—	4.80
山东	2.50	—	—	2.50
山西	5.80	—	—	5.80
河南	65.98	15.90	27.30	22.78
浙江	3.60	—	—	3.60
江西	7.90	—	—	7.90
安徽	50.30	—	41.70	8.60
福建	48.31	—	—	48.31
湖南	63.70	18.40	32.50	12.80
湖北	58.70	17.70	30.60	10.40
广东	45.32	16.22	25.30	3.80
广西	50.89	—	—	50.89
云南	220.47	27.30	49.70	143.47
贵州	236.33	19.60	53.20	163.53
四川	144.67	18.40	35.40	90.87
陕西	20.10	—	—	20.10
甘肃	154.43	—	27.10	127.33
青海	17.50	—	—	17.50
宁夏	6.75	—	—	6.75
新疆	297.36	115.93	160.93	20.50
海南	76.90	13.20	30.50	33.20
总计	2311.68	361.53	774.02	1176.13

资料来源：黄季焜，等．我国生物燃料乙醇发展的社会经济影响及发展战略与对策研究［M］．北京：科学出版社，2010.

而宜能荒地是边际土地中最重要的一部分，根据宜能荒地的质量可以把土地分为三个层次：Ⅰ等宜能荒地是指对农业利用无限制或少限制的宜能荒地；Ⅱ等宜能荒地是指对农业利用有一定限制的宜能荒地；Ⅲ等宜能荒地质量差，对农业利用有较大限制①。宜能荒地面积表示如下：

$$M = \sum_{i}^{3} M_i = M_1 + M_2 + M_3 \tag{5.2}$$

其中，M 为宜能荒地的总面积，M_1、M_2、M_3 分别为三个层次宜能荒地的面积。

我国宜能荒地主要分布在中西部地区，尤其是以新疆和内蒙古为代表的西部偏远地区，也有宜能荒地零星分布在东北部地区，东南沿海省份等经济相对发达地区分布较少，占比很低。宜能荒地的分布较为紧凑，拥有较为集中的土地资源，各种气候条件下的能源作物都可以寻找对应的种植地区。

从表 5-1 我们可以看出，全国宜能荒地约 2315 万公顷，Ⅰ等宜能荒地 362 万公顷，占 16.2%；Ⅱ等宜能荒地 774 万公顷，占 32.6%；Ⅲ等宜能荒地 1176 万公顷，占 51.2%。其中，新疆、内蒙古、云南、贵州等省区的宜能荒地的面积较多，占比较大。

二、考虑自然和地理条件下主要木本油料树种的种植面积

根据宜能荒地对农业利用无限制或少限制的等级，种植木本油料作物的时候应该考虑土地种植的机会成本，这里我们假定木本油料作物种植面积按照Ⅰ、Ⅱ、Ⅲ等宜能荒地分布存量面积的 50%、80%、100%来进行分配②。即假定用Ⅰ等宜能荒地的存量面积的一半、Ⅱ等宜能荒地存量面积的 80%以及全部Ⅲ等宜能荒地来种植木本油料作物。

同时，木本油料作物的生长需要具备一定的光、热、水分和酸碱度等条件的

① 利用土层厚度、土质土壤盐碱化程度、水分条件和温度条件等指标划分宜能荒地，详见寇建平等（2008）。

② 这里的假定主要根据液态生物质燃料资源潜力中的边际土地的种植面积进行选择，详见吴方卫等（2010）。

土地，满足木本油料植物生产上述所需自然属性的土地，就可以被称作木本油料作物适宜性土地。结合选择的六种主要木本油料作物的自然条件和地理分布，我们可以看到这六种主要木本油料的自然分布有重叠的情况，这里假定重叠的地方按照等分的原则分配土地种植面积，作物的种植面积分布如表 5-2、表 5-3、表 5-4 所示。

表 5-2　全国各省份 I 等宜能荒地下各 6 种主要木本油料作物可种植面积

省份	I 等宜能荒地（万公顷）						总计
	麻疯树	黄连木	光皮树	油桐	文冠果	乌桕	
北京	—	—	—	—	—	—	—
重庆	—	—	—	—	—	—	—
吉林	—	—	—	—	—	—	—
辽宁	—	—	—	—	4. 675	—	4. 675
黑龙江	—	—	—	—	8. 8	—	8. 8
内蒙古	—	—	—	—	35. 965	—	35. 965
河北	—	—	—	—	—	—	—
山东	—	—	—	—	—	—	—
山西	—	—	—	—	—	—	—
河南	—	3. 975	—	—	3. 975	—	7. 95
浙江	—	—	—	—	—	—	—
江西	—	—	—	—	—	—	—
安徽	—	—	—	—	—	—	—
福建	—	—	—	—	—	—	—
湖南	2. 3	—	2. 3	2. 3	—	2. 3	9. 2
湖北	—	—	2. 95	2. 95	—	2. 95	8. 85
广东	2. 7	—	—	2. 7	—	2. 7	8. 1
广西	—	—	—	—	—	—	—
云南	4. 55	—	—	4. 55	—	4. 55	13. 65
贵州	3. 27	—	—	3. 265	—	3. 265	9. 8
四川	3. 07	—	—	3. 065	—	3. 065	9. 2
陕西	—	—	—	—	—	—	—

续表

省份	Ⅰ等宜能荒地（万公顷）						总计
	麻疯树	黄连木	光皮树	油桐	文冠果	乌桕	
甘肃	—	—	—	—	—	—	—
青海	—	—	—	—	—	—	—
宁夏	—	—	—	—	—	—	—
新疆	—	—	—	—	57.965	—	57.965
海南	2.2	—	—	2.2	—	2.2	6.6
总计	18.09	3.975	5.25	21.03	111.38	21.03	180.755

资料来源：结合寇建平等（2008）和徐增让等（2010）等的研究成果整理得出。

表 5-3　全国各省份Ⅱ等宜能荒地下各 6 种主要木本油料作物可种植面积

省份	Ⅱ等宜能荒地（万公顷）						总计
	麻疯树	黄连木	光皮树	油桐	文冠果	乌桕	
北京	—	—	—	—	—	—	—
重庆	11.184	—	—	11.184	—	—	22.368
吉林	—	—	—	—	44.48	—	44.48
辽宁	—	—	—	—	—	—	—
黑龙江	—	—	—	—	35.76	—	35.76
内蒙古	—	—	—	—	105.224	—	105.224
河北	—	—	—	—	—	—	—
山东	—	—	—	—	—	—	—
山西	—	—	—	—	—	—	—
河南	—	10.92	—	—	10.92	—	21.84
浙江	—	—	—	—	—	—	—
江西	—	—	—	—	—	—	—
安徽	—	—	11.12	11.12	—	11.12	33.36
福建	—	—	—	—	—	—	—
湖南	8.67	—	—	8.67	—	8.66	26
湖北	—	—	8.16	8.16	—	8.16	24.48
广东	6.75	—	—	6.75	—	6.74	20.24
广西	—	—	—	—	—	—	—
云南	13.26	—	—	13.25	—	13.25	39.76

续表

省份	Ⅱ等宜能荒地（万公顷）						总计
	麻疯树	黄连木	光皮树	油桐	文冠果	乌桕	
贵州	14. 187	—	—	14. 187	—	14. 186	42. 56
四川	9. 44	—	—	9. 44	—	9. 44	28. 32
陕西	—	—	—	—	—	—	—
甘肃	—	7. 227	—	—	7. 227	7. 226	21. 68
青海	—	—	—	—	—	—	—
宁夏	—	—	—	—	—	—	—
新疆	—	—	—	—	128. 744	—	128. 744
海南	8. 134	—	—	8. 133	—	8. 133	24. 4
总计	71. 625	18. 147	19. 28	90. 894	332. 355	86. 915	619. 216

资料来源：同上。

表 5-4　全国各省份Ⅲ等宜能荒地下各 6 种主要木本油料作物可种植面积

省份	Ⅲ等宜能荒地（万公顷）						总计
	麻疯树	黄连木	光皮树	油桐	文冠果	乌桕	
北京	—	0. 8	—	—	0. 8	—	1. 6
重庆	13. 05	—	—	13. 05	—	—	26. 1
吉林	—	—	—	—	81	—	81
辽宁	—	—	—	—	5. 3	—	5. 3
黑龙江	—	—	—	—	17. 1	—	17. 1
内蒙古	—	—	—	—	239. 6	—	239. 6
河北	—	2. 4	—	—	2. 4	—	4. 8
山东	—	2. 5	—	—	—	—	2. 5
山西	—	2. 9	—	—	2. 9	—	5. 8
河南	—	11. 39	—	—	11. 39	—	22. 78
浙江	—	—	1. 2	1. 2	—	1. 2	3. 6
江西	—	—	2. 634	2. 633	—	2. 633	7. 9
安徽	—	—	2. 867	2. 8665	—	2. 8665	8. 6
福建	16. 1034	—	—	16. 1033	—	16. 1033	48. 31
湖南	4. 267	—	—	4. 2665	—	4. 2665	12. 8
湖北	—	—	3. 467	3. 4665	—	3. 4665	10. 4

续表

省份	Ⅲ等宜能荒地（万公顷）						总计
	麻疯树	黄连木	光皮树	油桐	文冠果	乌桕	
广东	1.267	—	—	1.2665	—	1.2665	3.8
广西	16.964	—	—	16.963	—	16.963	50.89
云南	47.824	—	—	47.823	—	47.823	143.472
贵州	54.51	—	—	54.51	—	54.51	163.53
四川	30.29	—	—	30.29	—	30.29	90.87
陕西	—	6.7	—	—	6.7	6.7	20.1
甘肃	—	42.444	—	—	42.443	42.443	127.33
青海	—	—	—	—	17.5	—	17.5
宁夏	—	3.375	—	—	3.375	—	6.75
新疆	—	—	—	—	20.5	—	20.5
海南	11.067	—	—	11.0665	—	11.0665	33.2
总计	195.3424	72.509	10.168	205.5048	451.008	241.5978	1176.13

资料来源：同上。

从表5-1、表5-2可以看出，Ⅰ等宜能荒地在发达地区的面积比较少，因为这种对农业生产无限制或少限制的等级土地，机会成本相对较高，对于木本油料植物的种植没有比较优势，因此，假定这类宜能荒地的种植面积按照存量的一半来分配种植是合理的。同时也可以看到，油桐、文冠果和乌桕在这类土地上的潜力比较大，因为它基本分布在西南和西北，这类地方的宜能荒地的面积也是比较多的。

表5-3表明，Ⅱ等宜能荒地相对于Ⅰ等宜能荒地而言存量稍多，基本也都在中西部，在这类土地中，麻疯树、油桐和乌桕的种植面积增长比较明显。

表5-4的数据说明，Ⅲ等宜能荒地中主要能源作物种植最为集中，充分体现了这类土地对于能源作物种植的重要性。这类土地的存量多少决定了木本油料作物作为生物柴油原料资源潜力的大小，因为这种土地的质量、开发成本是比较高的。

三、木本油料作物的原料油资源产量

适宜性土地的数量并不能直接带来原料的生产与产量，只有得到每种木本油料作物在每一等宜能荒地中的产量，才能真正计算出木本油料作物的资源产量。同时，只有把木本油料作物的果实资源转化为油料资源，木本油料作物作为生物柴油原料油资源的作用才能真正得到体现。因此，首先要建立木本油料作物的产量估算模型，然后通过相关参数估计，代入统计数据，就可以得到相应的资源产量数据。

（一）产量的估算模型

我们可以假定在同等人力条件下，相对于每个 i 层次边际土地质量的宜能荒地来说，在全国各省份该种质量的宜能荒地上种植 j 种木本油料作物的单位面积产量相同，为 k_i^j（实际上应为该层次土地质量的宜能荒地种植木本油料作物的果实资源单位面积产量与油料转化率之间的乘积）。同时，因为全国每个省份的三个层次边际土地质量的宜能荒地面积数，以及在每个 i 层次边际土地质量的宜能荒地上种植 j 种木本油料作物的面积比例在全国各省份也有不同，生物柴油的木本油料原料油资源 $\sum_{i}^{6} B_i$ 可以改写为：

$$\sum M_i^j = \sum_{p}^{n} \sum_{i}^{3} \sum_{j}^{6} M_{p,i}^j \tag{5.3}$$

$$\sum_{i}^{6} B_i = \sum_{i}^{3} \sum_{j}^{6} M_i^j k_i^j = \sum_{p}^{m} \sum_{i}^{3} \sum_{j}^{6} M_{p,i}^j k_i^j \tag{5.4}$$

其中，M_i^j 为全国每个 i 层次边际土地质量的宜能荒地种植 j 种木本油料作物的面积数量，$M_{p,i}^j$ 为全国 n 个省份中第 p 个省份 i 层次边际土地质量的宜能荒地种植 j 种木本油料作物的面积数量。

（二）单位面积产量 k_i^j 的构成

这里的单位面积产量是指木本油料树种果实转化成油料后的产量，也就是假定在特定类型土地上某种木本油料树种果实的单位面积是固定的，还要考虑其果实转化成油料的转化率，即木本油料作物原料油资源的单位面积产量 k_i^j 是其果实的单位面积产量与油料转化率的乘积，这里通过《中国统计年鉴》数据和相关假定，得到如表 5-5 所示的参数。

表 5-5　生物柴油主要木本油料能源树种单位面积原料产量

树种	Ⅰ等果实单产（吨/公顷）	Ⅱ等果实单产（吨/公顷）	Ⅲ等果实单产（吨/公顷）	油料转化率（%）
麻疯树	10.5	7.5	5	0.33
黄连木	10	6.5	4.5	0.31
光皮树	9.5	6	4	0.26
油桐	8.5	5.5	4	0.28
文冠果	9	6.5	4.5	0.3
乌桕	8.5	6	4	0.26

资料来源：油料转化率数据根据中国农业信息网（http：//www.agri.gov.cn/）相关数据整理而得。

表 5-5 的数据说明，在对应等级宜能荒地上麻疯树的果实单产最高，油料转化率也是六种主要木本油料树种中最高的，理论上说扩大其种植面积，对于生物柴油的原料油资源潜力的深度开发有着一定的优势。黄连木、光皮树和文冠果的单位面积的果实产量紧随其后。总体来说，六种木本油料作物的单位面积原料油产量是有其自身优势的。

（三）产量的估算及结果

根据式（5.3）和式（5.4），我们可以估算各木本油料作物原料油资源潜力如下：

麻疯树的原料油资源潜力：

$$B_1 = M_1^1 k_1^1 + M_2^1 k_2^1 + M_3^1 k_3^1$$

$$= 18.9 \times 10.5 \times 0.33 + 71.625 \times 7.5 \times 0.33 + 195.3424 \times 5 \times 0.33$$

$$= 565.075335(\text{万吨})$$

黄连木的原料油资源潜力：

$$
\begin{aligned}
B_2 &= M_1^2k_1^2+M_2^2k_2^2+M_3^2k_3^2 \\
&= 3.975\times10\times0.31+18.147\times6.5\times0.31+72.509\times4.5\times0.31 \\
&= 150.03876(\text{万吨})
\end{aligned}
$$

光皮树的原料油资源潜力：

$$
\begin{aligned}
B_3 &= M_1^3k_1^3+M_2^3k_2^3+M_3^3k_3^3 \\
&= 5.25\times9.5\times0.26+19.28\times6\times0.26+10.168\times4\times0.26 \\
&= 53.61902(\text{万吨})
\end{aligned}
$$

油桐的原料油资源潜力：

$$
\begin{aligned}
B_4 &= M_1^4k_1^4+M_2^4k_2^4+M_3^4k_3^4 \\
&= 21.03\times8.5\times0.28+90.894\times5.5\times0.28+205.5048\times4\times0.28 \\
&= 420.193536(\text{万吨})
\end{aligned}
$$

文冠果的原料油资源潜力：

$$
\begin{aligned}
B_5 &= M_1^5k_1^5+M_2^5k_2^5+M_3^5k_3^5 \\
&= 111.38\times9\times0.3+333.355\times6.5\times0.3+451.008\times4.5\times0.3 \\
&= 1559.62905(\text{万吨})
\end{aligned}
$$

乌桕的原料油资源潜力：

$$
\begin{aligned}
B_6 &= M_1^6k_1^6+M_2^6k_2^6+M_3^6k_3^6 \\
&= 21.03\times8.5\times0.26+86.915\times6\times0.26+241.5978\times4\times0.26 \\
&= 433.325412(\text{万吨})
\end{aligned}
$$

至此，可以估算出 2010 年木本油料作物原料油资源的潜力：

$$
\begin{aligned}
\sum_{i}^{6} B_i &= 565.075335+150.03876+53.61902+420.193536+1559.62905+ \\
&\quad 433.325412 \\
&= 3181.881113(\text{万吨})
\end{aligned}
$$

第三节 餐饮废油资源潜力的估算

餐饮废油从来源的角度可以分为两类：一类是来源于餐饮业的废油，这里具体指规模级别的饭店和快餐餐馆的烹饪所产生的废油 B_{r1}；而另一类则来源于居民在家烹饪所废弃的油脂，这里具体指家庭烹饪所产生的废油 B_{r2}。因此，餐饮废油的资源潜力 B_r 是这两部分的总和。即：

$$B_r = B_{r1} + B_{r2} \tag{5.5}$$

我国餐饮废油的理论潜力可以从这两个方面去估算。

一、餐饮企业里产生的餐饮废油数量的估算

改革开放以来，我国居民生活水平不断提高，再加上传统的商业饮食文化，餐饮业的食用油不断增加。

假设餐饮业所产生的餐饮废油的数量与人们外出就餐的次数相关。而人们外出就餐与人均 GDP、餐饮业的总消费支出、居民用于餐饮的消费支出相关。陈丹和钱光人（2005）收集上海市具有废油脂回收和加工资质的 9 家定点单位的数据及在上海市范围内采集了 100 个有效样本，从而建立了餐饮废油与餐饮企业营业额的线性模型，假定上海市餐饮企业的数据在全国具有普遍性，且餐饮废油与餐饮企业营业额的相关关系在相当长的一段时间内稳定在这一线性模型的水平，那么可以通过此线性模型建立我国餐饮业产生的废油数量预测模型，从而对我国餐饮业废油脂产生量进行估算，并对未来的增长趋势进行合理预测。

（一）指标的选取

预测我国未来 10 年餐饮业产生的废油数量主要涉及的指标有：餐饮企业产

生的餐饮废油量 B_w；2010~2021 年 GDP 数据与居民用于餐饮的消费支出，数据来自《中国统计年鉴》。

（二）数理模型

$$B_w = f(TCE) \tag{5.6}$$

$$TCE = f_1(GDP, TCER) \tag{5.7}$$

其中，TCE 为我国餐饮企业的餐费收入，TCER 是居民用于餐饮的消费性支出。式（5.6）和式（5.7）都定义为线性模型关系。

式（5.6）即为陈丹和钱光人（2005）建立的上海废弃食用油脂产生量估算模型，根据其调研数据可得到实际参数的估算模型为：

$$B_w = 1.28TCE + 1646.55 \tag{5.8}$$

其中，TCE 的单位千元，B_w 的单位是千克。

如果代入 2010~2021 年我国餐饮企业餐费收入，则可以测算出 2010~2021 年我国餐饮企业所产生的餐饮废油数量，通过单位换算，结果如表 5-6 所示。

表 5-6 我国餐饮企业 2010~2021 年餐费收入下餐饮废油的计算

年份	B_{r1}（万吨）	TCE（亿元）
2010	53.50	688.20
2011	60.42	795.10
2012	62.86	890.30
2013	69.83	1044.40
2014	71.43	1169.20
2015	75.37	1476.80
2016	77.52	1644.60
2017	80.62	1886.90
2018	83.20	2088.50
2019	87.71	2441.30
2020	93.50	2893.20
2021	95.42	3433.80

（三）实证分析

根据《中国统计年鉴》中 2011～2022 年 GDP、餐饮业的总消费性支出与居民用于餐饮的消费支出数据，对式（5.7）进行实证分析，运用 Eviews 软件估计出相关参数。

模型实证模拟结果如表 5-7 所示。

表 5-7　模型实证模拟结果

变量	相关系数	t 值	P 值
c	27.6541	0.5128	0.0000
LOG（GDP）	0.0623	4.5279	0.0011
LOG（TCER）	0.3286	-3.8700	0.0031

由上面模拟结果可以看到，模型具有明显的显著性，因此得到模型为：

$$\ln(TCE)=27.6541+0.0623\ln(GDP)+0.3286\ln(TCER) \tag{5.9}$$

（四）相关预测

我们可以通过模型（5.9）和模型（5.8）来预测我国餐饮业 2023～2030 年的 GDP、餐饮企业餐费总收入 TCE，进而估算出相应年份居民用于餐饮的消费性支出 TCER 数量，从而估算出废油脂产生量 B_{r1}，预测结果如表 5-8 所示。

表 5-8　2023～2030 年我国餐饮企业产生餐饮废油数量的预测

年份	B_{r1}	GDP	TCE	TCER
2023	67.26	1477806.85	3968.19	8798.55
2024	71.02	1551697.19	4261.83	9449.64
2025	75.00	1637040.54	4572.94	10139.46
2026	79.45	1735262.97	4920.49	10910.06
2027	84.36	1848055.06	5304.29	11761.05
2028	89.52	1977418.92	5707.41	12654.89
2029	95.36	2105951.15	6164.01	13667.28
2030	101.60	2221778.46	6650.96	14746.99

二、家庭烹饪所产生的餐饮废油数量的估算

家庭烹饪所产生的餐饮废油的收集在国外已经非常成熟，特别是日本和欧洲。其成熟做法是废油置换，在居住区域、建成社区强制安装油水分离设施，家庭把收集到的废弃油脂与生物柴油企业进行食物油置换，得到废弃油脂的再利用。

目前，我国每年人均食用油消费量约 17 千克，烹饪产生的废油高达 20%以上。建立家庭烹饪废弃油脂的收集体系已经迫在眉睫，同时废弃油脂的收集对于生物柴油原料油的缓解以及人民生活健康和食品安全卫生的保证都是比较好的办法。

日本等国家的情况如表 5-9 所示。

表 5-9 日本等国家家庭餐饮废油占食用油消费量的比例

国家	日本	澳大利亚	美国	法国	英国
餐饮废油占食用油消费量之比例（%）	25	27	27.4	26.2	26.8

资料来源：胡宗智，等．餐饮废油的回收利用研究进展［J］．中国资源综合利用，2009（1）：16-18.

（一）计算公式的假定

由于我国关于家庭没有直接的统计数据，我们可以假定家庭烹饪废弃油脂主要集中在城市，我们假设这些城市集中在中东部，因为中东部的城市化水平可以保证产生的餐饮废油能得到收集，并通过城市化率、食用油废弃率的相关关系来设定餐饮废油的计算公式：

$$B_{r2} = \sum_{i=1}^{n} M \cdot \delta(1+i\rho) \cdot \theta \cdot \lambda \cdot \eta(1+i\omega) \cdot \mu \quad (5.10)$$

其中，M 为我国中东部人口数（中部包括重庆、四川和陕西），δ 为城市化率，ρ 为城市化率提升幅度，θ 为人均食用油消费量，λ 为食用油废弃率，η 为

餐饮废油可利用率，ω 为可利用率提升幅度，μ 为平均每人购买的食用油脂占家庭人均消费食用油脂的比例，用以衡量在家庭用餐的时间。通过估算可知，家庭烹饪产生的废弃油脂的数量可观。

（二）数据及估算结果

假定城市化率的年均增长率 ρ 为 1.2%，2010~2021 年城市化率可以从《中国统计年鉴》中查到，2021 年城市化率为 64.72%；人均食用油消费量 θ 为每天 40 克，每年为 14.6 千克；食用油废弃率 λ 为 20%；假定餐饮废油利用率每年提高 1 个百分点，2021 年餐饮废油可利用率 η 为 40%；假定平均每人购买的食用油脂占家庭人均消费食用油脂的比 μ 固定为 0.7，即 70%的时间是在家庭用餐。通过查取《中国统计年鉴》（2011~2022 年）的数据，我们得到表 5-10。

表 5-10　2000~2011 年我国相关数据

年份	中东部人口数 M（万人）	可利用率 η（%）	城市化率 δ（%）
2010	110097.00	36.21	44.10
2011	110110.00	36.57	44.63
2012	110662.00	36.94	45.16
2013	111352.48	37.31	45.70
2014	112228.00	37.68	46.25
2015	111468.00	38.06	46.81
2016	112089.00	38.44	47.37
2017	112724.00	38.82	47.94
2018	113465.24	39.21	48.51
2019	114178.07	39.60	49.09
2020	116462.09	40.00	49.68
2021	117023.82	40.40	50.28

资料来源：《中国统计年鉴》（2011~2022 年）。

相应地，可以估算 2010~2021 年我国家庭烹饪产生的餐饮废油的数量，如表 5-11 所示。

表 5-11　2010~2021 年我国家庭烹饪产生的餐饮废油的数量

年份	B_{r2}（万吨）	年份	B_{r2}（万吨）
2010	47. 31	2016	53. 72
2011	48. 59	2017	54. 88
2012	49. 73	2018	55. 12
2013	50. 81	2019	56. 38
2014	51. 98	2020	57. 31
2015	52. 59	2021	58. 59

从表 5-11 可以看出，家庭烹饪产生的餐饮废油到 2011 年已经有约 50 万吨的潜力，如果把相关参数做一定的修改，那么也可以预测到 2012~2021 年的家庭烹饪产生的餐饮废油的资源潜力。

三、我国餐饮废油的资源潜力估算结果

由表 5-6、表 5-11 可以得知 2021 年我国餐饮废油的资源潜力为：

$B_r = B_{r1} + B_{r2} = 95.42 + 58.59 = 154.01$（万吨）

本章小结

生物柴油的产业发展中原料潜力的大小始终关系着产业规模的大小，作为生物柴油生产中最主要的部分，原料资源的问题直接影响着生物柴油产业发展的潜力。

通过本章的分析，我们可知，生物柴油原料资源的潜力是巨大的，木本油料作物的原料油资源达到约 3200 多万吨，在原料资源潜力中占有极高的比例。这说明，从长期来说，生物柴油原料资源的挖掘将主要靠木本油料作物的开发和种

植。同时，餐饮废油的原料资源潜力为150万吨左右，其中，家庭烹饪所产生的废弃油脂的潜力大约占了整个餐饮废油原料资源的一半，说明餐饮企业以外的城市建成社区和生活聚集地餐饮废油的收集和开发已经具有了很大的潜力。总之，生物柴油原料潜力的估算结果让我们更加有理由相信，生物柴油产业的发展潜力是巨大的。

第六章　我国生物柴油发展潜力的经济性分析

生物柴油的资源潜力无疑是巨大的，在前面章节我们已经测算出木本油料植物和餐饮废油的开发潜力分别达到 3200 万吨和 150 多万吨。但理论的潜力无疑受到现实中各个因素的影响。本章就分别从发展区域的选择、市场潜力和外部性三个角度来论证我国生物柴油发展潜力的经济性，论证巨大的生物柴油资源潜力在经济上是否值得去开发，从而给我们生物柴油的产业发展提供有力的可行性分析。

第一节　发展区域的选择与生物柴油产业的发展潜力

一、优先发展区域的选择与生物柴油产业发展的经济性

从前文的分析中我们可以看到，生物柴油的原料资源潜力巨大，2010 年我国生物柴油的原料资源潜力达到近 3300 万吨。这其中，木本油料资源的数量为

3182万吨。然而，木本油料资源分散在全国不同的省份，要把这些资源潜力转化成现实的产量，优先发展区域的选择就显得尤为必要，因为它对生物柴油产业发展的经济性具有重要的地理作用，从某种意义上来说，优先发展区域的选择实际上是为生产生物柴油找寻存在极低地租的区域。

要选择好生物柴油的优先发展区域，需要我们对各省市原料资源中木本生物柴油的市场潜力进行评价，根据得到各地区木本生物柴油市场潜力的评价值及其优先发展顺序，从而在生物柴油的政策方面制定相应的市场开发规划，并提供决策参考。

二、我国生物柴油市场优先开发区域选择的指标和原则

（一）生物柴油市场优先开发区域选择的影响因素：条件假设

1. 生物柴油的供需因素

生物柴油产品的需求与供给是影响开发区域选择的内部原因。区域的产品需求及供给情况直接决定着这个区域的开发，产品的需求在区域内越大，产品市场的发展与壮大就越有利。同样的道理，生物柴油产品在区域里供给能力的强弱，不仅直接影响产品供给链的长度，而且影响产品市场提供的份额从而改变生产成本。对于生物柴油区域供需情况，我们可以从以下几个方面来分析：

（1）石化柴油供需缺口：生物柴油市场化运作的目的就是把生物柴油推入市场，对国家一些地区燃料供给的不足进行填补，同时做好化石柴油等的替代品，做强自身产品质量优势，使石油对外依存度偏高的能源安全形势有所缓解。石化柴油供需的缺口正好可以反映一个地区对生物柴油的现实需求。缺口如果很大，则更适于在该地区优先开发生物柴油市场。把区域开发的计算公式确定为：区域石化柴油供需缺口=区域内柴油需求量-区域内柴油的生产量。

（2）石化柴油价格：生物柴油的供需的直接影响因素就是石化柴油的价格。生物柴油市场化难以推进的很重要的原因在于在价格上缺乏竞争力，因为生物柴

油产品中的原料成本一直较高。这样作为替代石化柴油燃料的生物柴油因为价格的高涨，替代效果肯定会不明显。反过来说，被替代品的价格越高，社会上则会出现大量对替代品的需求，生物柴油的生产企业也更乐于扩大生产规模来提高产品产量。

（3）原料的适宜性土地潜力：木本油料作为原料的潜力巨大，在中长期生物柴油的发展规划上占有主导地位，而原料的适宜性土地潜力主要影响区域木本生物柴油的供给状况。作为原料导向型产业的生物柴油产业，直接影响其原料供应能力的是原料的适宜性土地的供给潜力。人工木本油料能源林的建设则决定了原料取得的便易程度。从另一个侧面来看，一个区域市场开发潜力的大小取决于适宜种植木本油料树的土地面积多少，以及促进生物柴油产业发展的能力的大小等。

2. 区域内的经济因素

木本生物柴油市场优先开发显然有许多外部影响因素，如区域内的经济、交通及政策因素。生物柴油产品市场化要实现运行平稳需要经济因素的保证。一般来说，经济发展速度快体现了经济水平高、交通状况好、政策服务执行到位，生物柴油的市场的规模及产业发展潜力也会相应更大。

（1）地区生产总值：一个地区经济发展水平的衡量指标是地区生产总值，它表明区域经济发展水平。提高地区生产总值不仅可以带动生物柴油产品需求的增加，还可以创造更好的发展环境，为生物柴油企业的区域投资提供良好的基础。

（2）区域内城镇居民可支配收入：区域内居民消费能力的指标由其来反映，如果可支配收入比较高的话，该区域内居民的购买力会越强，接受和购买生物柴油的能力及欲望也会越强。

（3）交通状况：该地区的交通条件由其来衡量。生物柴油及原料的运输依赖于交通条件的便利程度，生物柴油的市场开发在交通条件好的地区更具有优势。

（二）生物柴油优先开发区域指标的选择

对我国生物柴油优先开发区域的影响因素进行综合考虑，我们可以看到，衡量一个地区生物柴油产业发展潜力的大小，主要可以从以下四个方面进行：

（1）区域内生物柴油供给潜力：主要通过区域内木本油料作物的资源潜力来衡量。原料的种植对于区域来说需要有适合生物柴油原料中木本油料能源树种生长的自然条件，并且种植能源树种边际性土地需要有一定的规模，木本油料资源原料供给体量才能足够大，该区域生物柴油的供给潜力才能在供给规模上达到目标。

（2）区域内石化柴油的供需缺口：在柴油供求矛盾较大的区域，一般来说石化柴油供给与生产不能满足柴油的消费需求，为该区域生物柴油的产业发展提供了较大的市场空间。同时，在本地区进行生物柴油的生产与开发可以加大本地区生物柴油的原料消费量，且原料的运输成本相对较低，对于生物柴油企业降低成本有着很好的作用，这会有力促进产业良性发展，并能扩大生物柴油市场竞争优势。

（3）区域内农村人口充裕：大量的劳动力进入大面积的能源林进行种植、维护以及果实采摘等是保证原料种植的重要前提。考虑到地区农村人口较多，我们选择农村人口这个指标来衡量加快木本油料能源林建设的难易程度。

（4）区域交通条件：主要用该区域交通运输线路总长度来衡量。因为便利的交通条件对与生物柴油及原料的运输有着重要的影响，而这对于生物柴油的生产成本的降低也有着重要的作用。生物柴油的市场开发在交通条件较好的区域将更具有优势。

综上所述，为了衡量生物柴油优先发展区域的评估指标，我们可以把地区交通运输线路总长度、生物柴油供给潜力、农村劳动力人口数量、柴油供需缺口量四个因素作为指标进行考察。

三、生物柴油产业选择优先发展区域的实证分析

（一）优先发展区域选择的评估模型

优先发展区域的选择需要考虑到所建立的指标体系中各个评估指标衡量的目标不同，单个指标数值的大小可能会对整个评估产生影响，因此，生物柴油产业优先发展区域的选择评估可以采用Borda模糊综合评价模型，因为该模型对评价的指标先进行单一指标排序，然后依据所有指标的排序计算出最终排序，可消除上述影响，因此客观度相对较高。

Borda模糊综合评价模型也称为模糊评判模型，是利用模糊数学方法对具有随机性评价矩阵的多目标问题进行综合评价的一种方法模型。

其基本要素为：①评价对象集合：$X=\{x_1, x_2, \cdots, x_m\}$。②评价因素集合：$Y=\{y_1, y_2, \cdots, y_n\}$。

模型的基本原理为：建立决断排名集合 $D_j(x_i)$，它是一个线性集合，来自对评价对象集合中元素的整理，整理的原则是 $D_j(x_i)$ 为在 X_i 在按 y_j 排序后的序数，即 X_i 在 y_m 中排名为 k，则 $D_j(x_i)=n-k$；如果评价因素 Y 的权重系数集合为 $f(y_i)$，则模型的计算公式为：

$$D(x_i)=\sum_{j=1}^{4} f(y_j)D_j(x_i) \tag{6.1}$$

其中，Borda模糊综合评价模型的Borda就是 $D(x_i)$。

运用德尔菲法我们把权重系数集合 $f(y_i)$ 确定为：f（0.4，0.3，0.2，0.1），即区域内生物柴油供给潜力、区域柴油供需缺口数量和交通运输线路总长度四个指标权重分别为0.4、0.3、0.2和0.1。那么模型（6.1）可以改写为：

$$D(x_i)=0.4\times D_1(x_i)+0.3\times D_2(x_i)+0.2\times D_3(x_i)+0.1\times D_4(x_i) \tag{6.2}$$

（二）实证分析

1. 数据的来源与说明

根据指标的选取情况，数据样本的来源如下：

考虑优先发展区域选择，承接前文对木本油料作物原料油资源潜力的测算，我们得到木本油料作物原料在全国省份的潜力分布。区域内石化柴油的供需缺口数据主要参考各年份《中国能源统计年鉴》，其为各省份的柴油生产数量与柴油消费数量的差值。区域内农村人口的数据来源于历年《中国统计年鉴》。区域交通条件数据来源于各年《中国统计年鉴》中各省区交通线路总长度数据，具体数据如表 6-1 所示。

表 6-1　模型选取四个指标在全国部分省份分布的数据

省份	生物柴油的原料供给潜力（万吨）	柴油供需缺口（万吨）	农村人口（万人）	交通运输路线长度（千米）
北京	2.20	-112.98	255.95	1169.41
重庆	81.05	337.91	1374.76	1396.25
吉林	196.09	41.10	1279.24	4024.44
辽宁	19.78	-1415.92	1723.72	4278.62
黑龙江	116.58	-17.12	1574.82	5785.00
内蒙古	625.75	784.26	1165.59	8947.11
河北	6.59	205.04	4060.50	4916.41
山东	3.49	-815.74	4934.63	3833.43
山西	7.96	474.18	1872.08	3752.35
河南	97.62	263.65	6031.73	4281.97
浙江	3.84	125.73	2170.88	1774.64
江西	8.43	177.95	2580.10	2834.54
安徽	60.99	169.75	3650.33	2849.85
福建	61.35	122.57	1805.67	2111.42
湖南	88.78	287.98	3690.83	3695.11
湖北	69.95	269.36	3129.62	3360.27
广东	64.19	137.56	3495.97	2726.95
广西	64.63	296.87	2978.21	3205.00
云南	292.75	562.04	3043.81	2473.41
贵州	313.09	264.66	2688.67	2001.92
四川	192.74	441.80	5094.39	3549.17

续表

省份	生物柴油的原料供给潜力（万吨）	柴油供需缺口（万吨）	农村人口（万人）	交通运输路线长度（千米）
陕西	25.36	-322.90	2178.20	4079.00
甘肃	200.58	-409.26	1783.18	2441.36
青海	23.63	33.19	327.30	1863.29
宁夏	9.26	13.52	340.00	1248.39
新疆	435.23	-612.38	1286.15	4228.84
海南	105.23	-346.00	440.08	693.75

资料来源：农村人口和交通数据来源于《中国统计年鉴》，其他根据前文数据计算得到。

从表 6-1 我们可以看到，在生物柴油的原料供给潜力指标之中，内蒙古的供给潜力最大，北京市最小，这与生物柴油原料的种植分布和边际土地的面积是相关的。而在柴油供需缺口指标中，内蒙古的柴油供需缺口最大，辽宁则最小，这主要是由石油生产在我国的分布情况所决定的。农村人口指标中河南省最有竞争力，北京市竞争力最差。

2. 全国部分省份生物柴油产业基于 Borda 模糊综合评价的排名

根据式（6.2），可以计算各个指标综合评价的排名，得出全国区域生物柴油市场潜力模糊综合评价值及优先开发顺序，具体如表 6-2 所示。

表 6-2　全国部分区域生物柴油市场潜力模糊评价值及优先开发顺序

省份	生物柴油的原料供给潜力	柴油供需缺口	农村劳动力人口	交通运输路线长度	模糊评级综合值	优先开发区域的顺序
内蒙古	26	26	4	26	21.6	1
四川	20	23	25	15	21.4	2
云南	23	25	18	9	21.2	3
河南	17	17	26	23	19.4	4
贵州	24	18	16	6	18.8	5
湖南	16	20	22	16	18.4	6
湖北	14	19	19	14	16.5	7

续表

省份	生物柴油的原料供给潜力	柴油供需缺口	农村劳动力人口	交通运输路线长度	模糊评级综合值	优先开发区域的顺序
广西	13	21	17	13	16.2	8
重庆	15	22	7	3	14.3	9
吉林	21	10	5	19	14.3	10
新疆	25	2	6	21	13.9	11
黑龙江	19	7	8	25	13.8	12
广东	12	13	20	10	13.7	13
安徽	10	14	21	12	13.6	14
河北	3	16	23	24	13	15
山西	4	24	12	17	12.9	16
甘肃	22	3	10	8	12.5	17
江西	5	15	15	11	10.6	18
福建	11	11	11	7	10.6	19
陕西	9	5	14	20	9.9	20
海南	18	4	3	0	9	21
浙江	2	12	13	4	7.4	22
山东	1	1	24	18	7.3	23
辽宁	7	0	9	22	6.8	24
青海	8	9	1	5	6.6	25
宁夏	6	8	2	2	5.4	26
北京	0	6	0	1	1.9	27

根据表 6-2 中模糊综合评价值的大小，我们可以把全国生物柴油产业的优先发展区域按照顺序分为三个大类，具体如表 6-3 所示。

表 6-3　优先区域的级别划分及分布区域

优先区域的级别划分	模糊评价总值	分布区域
重点开发	13.9 以上	内蒙古、四川、云南、河南、贵州、湖南、湖北、广西、重庆、吉林
基础开发	9~14.3	新疆、黑龙江、广东、安徽、河北、山西、甘肃、江西、福建、陕西、海南
暂不开发	9 以下	浙江、山东、辽宁、青海、宁夏、北京

从实证结果来看，我国内蒙古、四川、云南、河南、贵州、湖南等省份由于在交通运输线路总长度、生物柴油供给潜力、农村劳动力人口数量、柴油供需缺口量四个指标方面的排名都相对居前，模糊综合评价值也相应较高，因此应该被列为优先发展生物柴油产业的区域；而宁夏、青海等省份则因为其交通运输条件的恶劣、北京因为生物柴油供给潜力较低等原因排名靠后，该区域发展生物柴油产业的潜力不大。

第二节　生物柴油产业发展潜力的市场性分析

一、生物柴油的需求潜力

《全球能源统计 2020》显示，欧洲生物柴油消费量占全球的 40%，而我国消费量占全球的比重不到 1%，未来产业增长空间大。正在推广的二代烃基生物柴油还可以进一步加工生产生物航煤，供给航空发动机使用，被全球航空业视为实现减排突破的关键，需求量最高或达上亿吨，2020 年全球产量仅 10 万吨，产需缺口巨大，可进一步拓宽应用场景和空间。国际油企巨头均在加速减碳转型，2013 年 4 月 24 日，东方航空公司成功实施国内首次自主产权生物航空燃油验证试飞，加注的生物航空燃油部分是由地沟油和棕榈油转化而来的。

从统计数据上看①，柴油消费在我国一直呈现增长的势头，除 2009 年受金融危机的影响消费量有所回落外，我国柴油消费在 2001～2008 年的年均增长速度达 9.4%。另外，进出口数据表明我国柴油进口量也在持续攀升，预计到 2015

① 齐景丽，申传龙，王凡，霍正元．我国石油消费新趋势研究［J］．当代石油石化，2020，28(8)：20-24.

年，我国柴油的需求量将超过2亿吨。从对外依存度的角度来计算，我国柴油50%的消费需求需要通过进口来满足。而从我国柴油的消费结构看，农业、林业、渔业、电力和建材业生产是我国柴油消费的主要客体，特别是运输行业中的公路、铁路、水路运输是柴油消费量最大的领域。截至2008年，国内柴油总消费量中交通运输使用柴油的占比达到53%，尽管2009年有所回落，但柴油总需求量中交通运输行业的柴油消费量依然占据着一半的比例，国家不断大力推广清洁型柴油轿车，交通运输领域柴油的消费比例将会有更大的提高。

在前文我国通过ARIMA模型预测了我国交通运输行业柴油的消费量，并在不同替代率下对我国生物柴油的需求量进行了预测，结果表明，若把生物柴油以5%的比例混合销售，2030年可以替代1000多万吨化石柴油，生物柴油的需求潜力巨大。

二、生物柴油的供给潜力

（一）生物柴油产品的加工能力

我国生物柴油领域的相关行业技术在国际上处于领先地位，截至2021年9月，我国生物柴油专利申请量的全球占比为17%。行业发展中形成了若干大企业，其中，北清环能公司是国内地沟油加工领域的龙头企业，拥有40万吨烃基生物柴油和30万吨酯基生物柴油产能。卓越新能公司是国内酯基生物柴油龙头，现有产能40万吨，预计2025年实现60万吨产能。嘉澳环保公司现有酯基生物柴油产能15万吨，预计未来增至35万吨产能。

民营企业海南正和生物能源有限公司2001年9月在河北邯郸建成年产近1万吨的生物柴油生产试验工厂，这是我国生物柴油产业化正式开始的重要标志。我国生物柴油生产与加工企业从那个时候不断增加并获得了飞速的发展。统计数据表明，我国2001年生物柴油生产厂家仅有2家，分别是古杉集团和海南正和生物能源公司，且生物柴油生产能力仅为20万吨。到2005年生物柴油生产厂家

已经增长到8家，年产能突破43万吨。截至2007年，我国已有生物柴油生产线20多条、生物柴油生产企业23家，总产能已经达140万吨。截至2010年底，产能1万吨及以上的生物柴油企业有37家，其中，产能小于5万吨的有18家，5万~10万吨的有11家，产能达到和超过10万吨的有8家。相关大大小小的企业加起来已有上千家，加工能力已经超过300万吨。

由此可见，短短10年间，我国生物柴油产业发展非常迅速，企业数量不断增加，企业生产线规模也在不断扩大。从短期来看，原料资源特别是木本油料资源和餐饮废油供给不足以及价格上涨的情况不断出现，使现有生物柴油生产与加工企业普遍出现加工能力过剩问题，截至2010年全国生物柴油实际产量不到20万吨。从原料的使用情况来看，在木本生物柴油中，我国现在还只以麻疯树为原料进行实际生产，同时生产的产品主要或大部分用于出口。从现阶段来看，生物柴油生产标准的执行缺乏统一，生产成本在原料供给不足的影响下，生物柴油产业规模化发展还没有形成，产品的市场化流通还没有真正实现。

2016年国家能源局印发的《生物质能发展“十三五”规划》提出健全生物柴油产品标准体系，推进生物柴油在交通领域的应用。2022年，国家发展改革委、国家能源局印发的《“十四五”现代能源体系规划》再次明确提出，“大力发展纤维素燃料乙醇、生物柴油、生物航空煤油等非粮生物燃料”。国家能源局2021年表示，将会同有关部门继续指导试点城市推广生物柴油，加强“地沟油”收储运体系建设和监管，防止“地沟油”回流餐桌和污染环境，稳定生物柴油企业原料供应，促进产业高质量发展。国内一些试点城市也开始推广生物柴油，如上海市在生物柴油试点推广方面取得积极成效。国内生物柴油产业发展面临的主要问题，在前端表现为原料收集难。尽管各地都在开展餐厨垃圾的分类收集，但是回收率仍有提升空间。在终端表现为国内消费的场景少，地沟油和生物柴油目前主要用于出口。

（二）原料供应能力

2022年国际市场豆油、菜籽油、棕榈油价格均处于历史高位，地沟油和以其为原料的生物柴油更凸显高性价比优势。2022 年 5 月，国内地沟油和生物柴油合计出口 28 万吨，为历史次高。前五个月累计出口 124.2 万吨，同比增长 47.4%，即使是在新冠疫情导致餐饮业消费出现负增长时，地沟油和生物柴油出口仍保持高增长。

市场机构通常通过测算废弃油脂年度产出量的方式做简单推算。近年来，每年食用和工业用植物油的消费量大约为 4000 万吨，以 10%~15%的比例来统计废弃油脂，年产量为 400 万~600 万吨。市场机构估计目前回收率大约为 50%，年收集利用量为 200 万~300 万吨。考虑到还有动物油脂，这个数字还要更高一些。国内生物柴油行业产能已经超过 200 万吨，2021 年产量约 150 万吨，80%以上用于出口。

前文我们已经测算出 2020 年我国生物柴油的原料中，木本油料作物的原料油资源潜力约 3200 多万吨，餐饮废油的原料资源潜力为 100 万吨左右，现实中实现这些潜力的一半也有近 1600 万吨，原料的供应能力将得到巨大的提升。

三、生物柴油的市场容量分析

我国生物柴油市场潜力从短期来看具有不确定性。一方面，消费者对生物柴油的需求具有不确定性。新产品初进入市场时，产品认知度差会使消费者接受它需要一定的时间。另一方面，多元化的生物柴油原料来源会导致生物柴油企业以木本油料、餐饮废油等为原料进行生产时具有不确定性。因为生物柴油的原料中木本油料作物的生产量是非常微小的，原料的规模供应能力还没有得到实现。还有，由于生物柴油产业发展还处于初级阶段，对于企业而言，生产生物柴油的设备及能力是具备了，但与之相对应的生物柴油产量并没有匹配，供给总量不大，生物柴油需求市场的开发能力十分有限。另外，没有统一的生物柴油产品的质量及销售途径的标准，这是因为国家生物柴油行业标准不完善以及没有出台相关配套的政策法规及其细则，生物柴油初级市场的混乱局面时有出现和发生。这样看

来，生物柴油市场容量较低在近期来看就是很自然的事情。

若按生物柴油产能来分析企业市场格局，可以看出，当前我国生物柴油行业集中度较高，存在综合实力较强的龙头企业。在 2021 年我国生物柴油重点上市企业中，海欣科技、卓越新能、河北金谷的市场份额位居前三，其市场占有率依次为 17.9%、17.9%、8.9%。嘉澳环保、碧美新能源也具有较广泛的业务布局，其在我国生物柴油行业中的市场份额分别为 6.7%、4.5%。以上五家重点企业合计占据全国生物柴油市场份额的 56%，可以看出，当前生物柴油市场竞争仍旧激烈，众多实力较强、规模较大的企业优先抢占行业赛道来扩大自身企业布局。

从我国生物柴油重点企业的主营业务情况来看，近年来，行业重点企业的生物柴油经营收益形势良好。其中，2019~2021 年卓越新能的生物柴油营业收入逐年递增，并在 2021 年出现大幅增长，达到 27.3 亿元，增速达到 102%，相较 2019 年的生物柴油营业收入增长了近 17 亿元。出现巨大增幅的主要原因是 2021 年公司美山新厂 10 万吨生物柴油生产线投产并迅速达产，产销量较去年同期上涨较多，同时销售价格也稳步上升，全年销售收入达到 30.83 亿元，同比上升 92.91%。2019~2021 年，卓越新能的生物柴油毛利率保持在 7.78%~18.37%的区间，其中，2020 年受制于原料价格上升、人民币升值，其毛利率空间有所收窄。

换个角度来看，生物柴油市场潜力在长期来看是十分巨大的。具体体现在：①生物柴油因为能源安全形势使发展有了很大的可行性。②我们因为能源短缺及环境污染等问题必须积极寻找及开发新的能源替代品，生物柴油作为可再生能源是目前比较合适的柴油替代品，开发利用生物柴油等可再生能源顺理成章。③国家政策长期支持以非粮作物为原料的生物柴油产业化发展。结合我国“人多地少”等实际国情，国家的相关政策陆续出台，从态势上大力促进生物柴油产业的发展，政府出台了《可再生能源中长期发展规划》《全国能源林建设规划》《林业生物柴油原料林基地“十一五”建设方案》《生物质能发展“十三五”规划》等，对生物柴油产业的发展起了巨大的推动作用。④生物柴油市场的未来发展空间巨大。通过政策导向，我国的成品油市场如果在2025年能将掺和比例提高到8%，生物柴油的市场需求将超过800万吨，市场发展空间无疑是巨大的。⑤生产企业的大量产能为生物柴油的市场开发提供了现实基础。生物柴油生产加工企业数量不断增加、生产线条数不断扩充、产能以及原料供应能力不断扩大，我国生物柴油的供给能力到2023年预计将超过300万吨。

四、生物柴油的价格分析

近年来，我国生物柴油行业重点企业的生物柴油价格呈上升走势。2017～2021年嘉澳环保生物柴油价格上涨幅度达到近5752元/吨，卓越新能2019～2021年生物柴油价格上涨同样迅猛，上涨幅度达到3021元/吨。2021年卓越新能生物柴油价格为8270元/吨，而嘉澳环保的生物柴油价格达到9079元/吨，比卓越新能的生物柴油每吨售价高出809元。

生物柴油价格不能太高，否则就没有市场竞争力；也不能太低，否则生物柴油生产企业的利润将不能得到保证，因此应该保持与化石柴油价格相当的价格。分析石化柴油的价格，可以看到其价格与生产直接相关。因为成本的原因，从短期来看，价格的波动性和不确定性一般都较大，长期上升趋势却相当明显。与之相比，由于生产技术的不断成熟和原料生产规模化发展，生物柴油的生产成本将不断降低，市场竞争力会得到显著提高。我们可以对比分析生物柴油生产成本与石化柴油价格，为研究生物柴油的市场潜力做进一步的阐述。

（一）木本油料原料生物柴油的成本测算

成本导致的价格过高一般是制约生物柴油市场化发展的主要障碍之一，原料生产成本高是导致成本较高的主要推手。世界各国的实践也表明，原材料的限制显著地影响了液体生物质燃料的生产。

分析木本生物柴油的成本构成，我们可以把生产成本的构成分为造林成本、

管护成本、采收成本、运输成本、处理和存储成本、加工成本六部分。测算的公式为：

$$C=[(C_1+C_2+C_3)/Q+C_4+C_5]/r+C_6 \quad (6.3)$$

其中，C_1 为单位面积的造林成本，C_2 为单位面积木本生物柴油资源的管护成本，C_3 为单位面积木本生物柴油资源的采摘成本，C_4 为单位木本生物柴油资源的运输成本，C_5 为单位木本生物柴油资源的处理与存储成本，C_6 为单位木本生物柴油的加工成本，Q、r 分别为木本油料资源的亩产量和木本油料资源的出油率。

本章采用赵娥（2011）实地调研得到的四川省麻疯树项目和河南省安阳市黄连木项目生物柴油的相关成本数据，具体如表 6-4 所示。

表 6-4　木本生物柴油原料项目成本构成

成本	四川麻疯树项目	换算成每吨的成本（元）	成本占比（%）	河南黄连木项目	换算成每吨的成本（元）	成本占比（%）
造林成本	495 元/亩	3000.00	47.8	307.76 元/亩	2287.50	31.86
管护成本	113.85 元/亩	690.00	10.99	332.4 元/亩	2470.64	34.42
采摘成本	100 元/亩	606.06	9.66	50 元/亩	371.64	5.18
运输成本	200 元/吨	606.06	9.66	200 元/吨	645.16	8.99
处理和储存成本	150 元/吨	454.55	7.24	150 元/吨	483.87	6.74
加工成本	920 元/吨	920.00	14.65	920 元/吨	920.00	12.81
总计	—	6276.67	—	—	7178.81	—

资料来源：麻疯树数据来源于赵娥（2011）的实地调研和《四川省小桐子（麻疯树）能源林发展规划》；黄连木数据来源于赵娥（2011）的实地调研和河南省安阳市“黄连木能源林培育示范基地实施方案”。

根据前文的设定，麻疯树和黄连木的亩产量分别为 0.5 吨和 0.434 吨，出油率分别为 0.33 和 0.31，根据式（6.3）可以测算四川省麻疯树项目木本生物柴油每吨的生产成本为：

$$C_{\text{麻疯树}}=[(495+113.85+100)/0.5+200+150]/0.33+920=6278.67(\text{元})$$

$C_{黄连木}=[(307.76+332.4+50)/0.434+200+150]/0.31+920=7178.81$(元)

从表 6-4 我们可以看到，在麻疯树和黄连木生物柴油的成本构成中，加工成本、管护成本与采摘成本的总和代表原料的成本所占比例比较大，达到 68.45%和 71.46%。其中，如果换成生物柴油产品每吨的成本计算的话，麻疯树和黄连木生物柴油的造林成本分别为 3000 元/吨和 2287 元/吨，成本占比为 47.8%和 31.86%；管护成本分别为 690 元/吨和 2471 元/吨，成本占比为 10.99%和 34.42%；采摘成本分别为 606.06 元/吨和 371.64 元/吨，成本占比为 9.66%和 5.18%，因此原料的成本决定了木本生物柴油的大部分生产成本。

（二）餐饮废油生物柴油成本的测算

餐饮废油生产生物柴油的成本主要为单位人工原料收集成本、单位原料的净化成本、单位加工辅料成本、单位其他加工成本、单位原料包装运输成本和水电类固定成本。

这里假定单位餐饮废油通过净化生产出生物柴油的比例 ρ 为 0.91，按照刘轩（2011）调研得到的天津餐饮废油生产生物柴油项目数据，得到成本构成数据，具体如表 6-5 所示。

表 6-5 餐饮废油生产生物柴油成本构成

成本	原料各项生产成本（元/吨）	换算成每吨生物柴油的成本（元）	成本占比（%）
原料收集成本	1600.00	1758.24	25.0
原料净化成本	3400.00	3736.26	53.2
原料的包装运输	600.00	659.34	9.4
辅料成本	200.00	200.00	2.8
加工成本	650.00	650.00	9.3
固定成本	20.00	20.00	3.0
总计	—	7023.85	—

资料来源：刘轩（2011）的实地调研数据。

由上面的成本构成数据，我们可以计算出餐饮废油的生产成本为：

$C_{餐饮废油}=(1600+3400+600)\times0.91+200+650+20=7023.85$(元)

在以上成本构成中，通过换算，原料环节所占用的成本为 6153.85 元/吨，占生产总成本的比例为 87.61%，其中，收集成本占比为 25%，净化成本占比为 53.2%，运输成本占比为 9.4%。同木本生物柴油一样，原料成本在生产成本中具有决定性的地位。

（三）普通石化柴油与生物柴油的价格比较分析

2014~2021 年，我国柴油受到国际油价、石油供给、经济发展等多方面因素的影响，价格呈不断上升趋势。长期来看，在刚性需求的支撑下，未来油价稳步上涨的趋势不可变。这为柴油的替代产品——生物柴油提供了良好的发展空间。我国针对汽柴油价格从 2004 年开始实施价格调整规则。

以麻疯树资源为原料的生物柴油生产总成本在 6300 元左右，这一价格低于除了 2015 年和 2020 年的我国石化柴油价格，具有一定的价格竞争力。目前来看，麻疯树生物柴油成本已经低于 2021 年石化柴油价格 1000 多元，虽然相差的距离不是很大，但也预示着柴油价格的上涨给黄连木生物柴油的发展带来了新的希望。2014~2021 年我国柴油批发价格如表 6-6 所示。

表 6-6　2014~2021 年我国柴油批发价格

年份	柴油批发价格（元）
2014	7595
2015	5560
2016	6531
2017	6750
2018	6384
2019	6620
2020	5544
2021	7494

资料来源：根据《中国能源统计年鉴》和国家发展改革委公开数据整理。

以黄连木为原料的生物柴油生产总成本在 7200 元左右，这一价格在 2010 年以前不具备优势。从 2008 年开始，石化柴油价格大幅上调，黄连木生物柴油价格优势凸显，我国开始大力发展木本生物柴油产业，同时柴油价格的大幅上涨，给麻疯树生物柴油提供了充足的利润空间。

由于废油资源的收集和净化等成本虚高，同时餐饮废油的资源受到不法商贩违法采集等的影响，使原料价格高涨，以餐饮废油为原料的生物柴油成本近 7050 元，但低于以黄连木为原料的生物柴油的生产总成本。

从麻疯树、黄连木、餐饮废油三种油料制作生物柴油的总成本来看，明显麻疯树更具有优势。麻疯树的种子含油量高，榨取生物柴油所需的原材料相对较少，并且麻疯树属灌木，能源林投资回收期相对较短，风险小。

我国不同生物柴油生产价格与化石柴油生产价格的比较如图 6-1 所示。

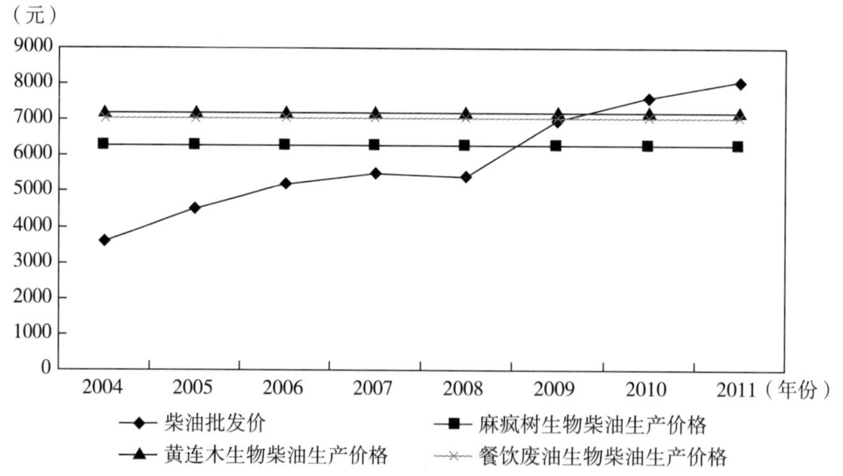

图 6-1　我国不同生物柴油生产价格与化石柴油生产价格的比较

资料来源：根据表 6-6 的数据和前文数据整理而得。

五、生物柴油产品的市场推广

我国在2007年颁布了《柴油机燃料调合用生物柴油（BD100）国家标准》，生物柴油作为替代化石柴油的可再生能源自此有了合法身份。严格来说，此标准只是一种化学品的产品质量标准。

海南省是目前全国唯一一个推广使用生物柴油的省份，2010年12月开始中石化旗下海南澄迈、临高的12家加油站已经试点销售B5标准生物柴油，随后中石油旗下又有11家加油站加入到试点行列中来，从反馈来看，试点效果很好，进一步推广使用生物柴油的计划在海南乃至全国正在制定。

早在2017年10月底，上海奉贤区和浦东新区的两个中石化加油站作为试点，开始对外销售B5生物柴油。从市场反映来看，B5生物柴油销售使用情况良好。截至2018年12月底，B5生物柴油供应网点数量突破200座，社会车辆全年累计已“喝”掉了1.1亿升（约8万吨）B5生物柴油。

上海模式的成功，在于建立了餐厨废弃油脂“收、运、处、调、用”的闭环管理体制，并且将它变废为宝，制成生物柴油。中石化加油站加注“地沟油”制B5生物柴油，打通了餐厨废弃油脂制生物柴油进入成品油终端销售市场的“最后一公里”。

但是在包括高原地区的全国更多地方，生物柴油推广仍然举步维艰。目前，我国企业制备的生物柴油主要原料是地沟油，客观上还可以杜绝地沟油重返餐桌，但由于销售渠道一直受阻，生物柴油不能大规模推广应用，生物柴油企业时开时停，导致生产成本过高。加之地沟油还在往饲料油和餐厅流通，价格上并没有被有效监管，生物柴油的成本较高。

生物柴油生产企业依标准进行生产，流通环节的加油站与成品油经营企业建立起合作关系进行试点，可借鉴和运用海南经验，成熟后再向全社会推广。

第三节　生物柴油产业发展的外部性研究

一、生产的外部性

（一）对劳动力的需求的外部性分析

我国农村存在大量剩余劳动力。生物柴油产业中的原料种植、原料运输加工等环节需要大量初等劳动力，隐藏在农村的剩余劳动力可以选择就近就业。用于购买国际原油的资金可用来扶持国内的生物柴油产业，带来可观的就业效应，为农民增收提供一个新的渠道。

1. 原料种植环节的劳动力需求

吴伟光和黄季焜（2010）选取云南省种植面积较大的麻疯树作物种植者进行实地调查，其中，89 户种植户有 107 个地块种植麻疯树，由于缺乏每个地块的具体面积，此处设定为 4 亩，每户农户种植的麻疯树面积为 4.8 亩，折算出每公顷麻疯树需要 3.1 户农户，若每户的劳动力为 3 人，每种植一公顷麻疯树至少需要 9.2 人。

$$TLf = S \cdot L \cdot v \tag{6.4}$$

其中，S 为面积，L 为每户农户人数，v 为每公顷所需农户数。

根据对麻疯树资源潜力的估算可知，到 2020 年，在我国贵州、四川、广东和云南可开发的麻疯树面积为 43.4 万公顷左右。按照每公顷 7.2 人计算，可带动农村劳动力就业人数为 399.28 万人。具体如表 6-7 所示。虽然随着麻疯树种植规模的扩大以及机械化水平的增加，带动农户的效应会有所下降，但是不可否认的是，通过种植麻疯树，可以有效缓解农村劳动力就业问题。

表 6-7　麻疯树可利用面积以及带动就业人数情况

省份	贵州	四川	广东	云南	总计
可利用面积（万公顷）	10.85	10.85	10.85	10.85	43.4
带动农村劳动力就业人数（万人）	399.28				

2. 产品生产环节对劳动力的需求

生物柴油生产企业的数据和资料不够完整，这里通过公开的生物柴油企业的用工情况大致估算未来生物柴油企业对操作人员的需求。

通过估算，生产企业对操作人员的需求同步增加，2020 年左右，仅生产企业内部的正式操作人员需求超过 22 万人，若考虑运输、仓储、后勤等岗位，人数更加庞大。具体如表 6-8 所示。

表 6-8　生物柴油项目对劳动力需求估算

年份	原油需求（万吨）	柴油缺口（万吨）	吸引就业人员数（人）	年份	原油需求（万吨）	柴油缺口（万吨）	吸引就业人员数（人）
2011	40860	—	—	2016	50419	1059.3	88275
2012	42774	—	—	2017	52243	1382.7	115225
2013	44701	45.5	379	2018	54726	1822.9	151908
2014	46628	387.1	3226	2019	57233	2267.4	188950
2015	48540	726.1	6051	2020	59748	2713.3	226108

3. 产业对农民增收的贡献

农户通过种植麻疯树、黄连木等木本油料作物，出售给生物柴油生产企业，得到相应收入。由前文的项目分析可知，生产麻疯树的农户每年能够得到 5655 元的收入，种植黄连木的收入为 5717 元；种植两类作物的农民人均收入分别为 1885 元、1906 元。具体如表 6-9 所示。

表 6-9　生物柴油项目对农民增收的贡献

项目	麻疯树生物柴油	黄连木生物柴油
原料价格（元/吨）	3480	2800

续表

项目	麻疯树生物柴油	黄连木生物柴油
单位面积生物产量（吨/公顷）	3.9	4.9
单位面积农户数（户/公顷）	2.4	2.4
单位面积农户人口数（个）	7.2	7.2
每户农户年均收入（元）	5655	5717
农民人均收入（元）	1885	1906

资料来源：参考王仲颖等（2010）和徐增让等（2008）的相关数据计算得到。麻疯树和黄连木的农户种植情况依据前文的项目调研进行估算。

（二）生态外部性分析

参考薛达元等（1999）、吴方卫等（2007）、吴方卫（2008）关于林业和农业经济价值评估的模型和参数设定，本书生物柴油的生态经济价值评估计算模型如下：

$$V_i = \tau_i \cdot Q_i \cdot P_i,\ i=1,\ 2,\ 3,\ 4,\ 5 \tag{6.5}$$

其中，Q_i 指资源总量，包括边际土地面积、非粮能源作物总量、餐饮废油总量和生物质燃料总量等；P_i 指对应资源的市场价值；τ_i 指对应资源的单位技术存量。

1. 原料利用边际土地的生态溢出

边际土地开发种植非能源作物，具有供涵养水源和保持土壤功能。涵养水源功能的经济价值用水库蓄水成本来度量，保持土壤功能经济价值用荒地土壤施肥成本来度量。土壤的保水能力由覆盖植物根部的孔隙大小决定，可利用土壤非毛管静态蓄水量法计算农林生态系统的土壤水分涵养量：

$$V_1^1 = \tau_1^1 \cdot Q_1 \cdot P_1^1 \tag{6.6}$$

$$\tau_1^1 = h \times d \times r_w \times 10000 \tag{6.7}$$

其中，τ_1^1 表示单位面积土地涵养水分量（吨/公顷）；h 表示土壤厚度（米），这里采用 0.5 米；d 表示为非毛管孔隙度（%），这里采用 30%（吴长文等，

1995)；r_w 表示水容重，水容重为 1 吨/立方米；P_1^1 表示水库蓄水成本，这里采用 1.67 元/吨(吴方卫，2008)。

边际土地多为未开垦土地，植被覆盖率低，若土壤受到侵蚀，氮磷钾等营养物质将流失，农林生态系统对土壤肥力的保护作用测算如下：

$$V_1^2 = \tau_1^2 \cdot Q_1 \cdot P_1^2 \tag{6.8}$$

$$\tau_1^2 = h \times l \times r_s \times 10000 \tag{6.9}$$

其中，τ_1^2 表示单位面积土地养分量(吨/公顷)；h 表示土壤厚度(米)，这里采用 0.5 米；l 表示氮磷钾在土壤中的百分比(%)，这里采用 0.23%(李东等，2009)；r_s 表示土壤容重，为 1.25 吨/立方米；P_1^2 表示我国化肥平均价格，为 2500 元/吨。

计算 $V_1 = V_1^1 + V_1^2$ 得出边际土地开发的生态溢出总量，具体如表 6-10 所示。

表 6-10　边际土地利用的生态溢出

年份	2011	2012	2013	2014	2015	2016	2017	2018	2019	2020
边际土地面积（万公顷）	37.59	75.19	112.78	150.38	187.97	225.56	263.16	300.75	338.35	375.94
涵养水源（亿元）	9.40	18.80	28.20	37.59	46.99	56.39	65.79	75.19	84.59	93.99
保持土壤（亿元）	48.49	97.00	145.49	193.99	242.48	290.97	339.48	387.97	436.47	484.96
生态溢出（亿元）	57.89	115.80	173.69	231.58	289.47	347.36	405.27	463.16	521.06	578.95

2. 原料种植中固碳释氧的生态溢出

根据光合作用方程式可知，合成 1 克植物干物质需要二氧化碳 1.63 克，同时释放氧气质量为 1.2 克，那么可以计算得到能源作物的固碳释养经济价值：

$$V_2 = \tau_2^1 \cdot Q_2 \cdot P_2^1 + \tau_2^2 \cdot Q_2 \cdot P_2^2 \tag{6.10}$$

$$\tau_2^i = NPP \cdot w_2^i \quad i = 1, 2 \tag{6.11}$$

其中，NPP 指的是农林生态系统植物净初级生产力，采用陶波等(2006)的测算结果为 7.52 吨/公顷；w_2^i 指的是二氧化碳中碳和氧气的化学质量，分别为

12 和 32；P_2^1 指的是碳税率，采用瑞典碳税率 150 美元/吨（人民币兑换美元汇率采用 7∶1 的比值来计算）；P_2^2 指的是工业制氧成本，采用 4.0 元/千克。固碳释氧的生态溢出如表 6-11 所示。

表 6-11　固碳释氧的生态溢出

年份	2011	2012	2013	2014	2015	2016	2017	2018	2019	2020
边际土地面积（万公顷）	37.59	75.19	112.78	150.38	187.97	225.56	263.16	300.75	338.35	375.94
固碳（亿元）	12.03	24.06	36.09	48.12	60.15	72.18	84.21	96.24	108.27	120.30
释氧（亿元）	13.53	27.07	40.60	54.14	67.67	81.20	94.74	108.27	121.80	135.34
生态溢出（亿元）	25.56	51.13	76.69	102.26	127.82	153.38	178.95	204.51	230.08	255.64

（三）生产可能带来的不利影响

1. 土地的过度开发

根据前文的论述，生物柴油原料都是种植在边际土地上的，但边际土地本身就处在比较脆弱的生态环境之中，开发时容易造成水土流失、植被破坏等问题，且木本油料作物能源林的大量培育使原本生长森林的土壤肥力得不到有效补充，土地在这些不利条件下有可能产生严重退化。

2. 某种程度上的与粮争地

即使边际土地对于粮食的生产有限制或者限制比较多，但严格来说，边际土地并没有完全排斥粮食作物的种植，因此，发展生物柴油导致的大量木本油料作物的种植，必定会在一定程度上挤占种植粮食作物的土地，导致与粮争地。

3. 对生物多样性的破坏

在扩大能源作物种植面积的过程中，可能会把部分野生动植物的栖息休养地开垦出来用于增加生物柴油原料的种植，导致该区域的动植物的活动范围缩小或消失，这对于生物多样性的影响是极大的。

二、消费的外部性

（一）对经济总量的外部性分析

当原油缺口出现时会对产出造成影响，若使用生物柴油来弥补柴油缺口，可以在一定程度上缓解出现汽油缺口的负面作用。我国 1 吨原油可提炼 0.394 吨柴油，利用柴油在石油产品中的比重，可以计算用生物柴油弥补柴油缺口缓解产出减少的力度。这里利用范英（2011）的公式来测定生物柴油替代柴油从而引起的经济总量变化，公式如下：

$$\Delta Y=\left[1-\left(\frac{E_0-\Delta E}{E_0}\right)^{\eta}\right]\cdot Y_0 \tag{6.12}$$ ①

其中，ΔY 是经济总量的变化，ΔE 是能源变化量，E_0 是原油充足供给时的消费量，Y_0 是原油供给充足时的总产出，η 是能源产出弹性。

从分析结果可知，可以通过发展生物柴油产业来适当补充柴油供给缺口，保障相关产业发展和人民消费，缓解我国因原油供给不足造成的经济影响。发展生物柴油产业可以在一定程度上缓解石油产品缺口的出现所造成的经济损失。通过我国《可再生能源中长期发展规划》，我们可以分析得到，到 2020 年生物柴油规划产量为 200 万吨，但现实的情况仍然无法完全弥补柴油缺口，在 55%原油对外依存度的限定下，2018 年的柴油缺口已经超过 2000 万吨，即使是在 60%的对外依存度下，2020 年的柴油缺口也超过 2000 万吨。所以需要出台更加细致可行的发展规划，发展生物柴油产业。

生物柴油弥补柴油缺口的产出贡献如表 6-12 所示。

（二）消费减排作用的测量

生物柴油在消费使用过程中的生态外部性主要是减排作用。测算公式为：

---

① 范英．我国发展液态生物质燃料产业的路径与策略研究——基于社会收益和社会成本的视角［D］．上海：上海财经大学，2011.

表 6-12 生物柴油弥补柴油缺口的产出贡献

年份	柴油需求（万吨）	55%对外依存度		60%对外依存度		65%对外依存度	
		柴油缺口/生物柴油补充量（万吨）	产出贡献（亿元）	柴油缺口/生物柴油补充量（万吨）	产出贡献（亿元）	柴油缺口/生物补充量（万吨）	产出贡献（亿元）
2011	15505. 27	—	—	—	—	—	—
2012	16428. 64	—	—	—	—	—	—
2013	17407. 00	55. 1	42. 7	—	—	—	—
2014	18443. 62	469. 5	375. 7	—	—	—	—
2015	19541. 98	880. 6	725. 9	—	—	—	—
2016	20705. 74	1284. 6	1088. 8	90. 1	73. 7	—	—
2017	21938. 81	1676. 7	1459. 7	482. 3	405. 1	—	—
2018	23245. 31	2210. 6	1956. 3	1016. 2	868. 1	—	—
2019	24629. 61	2749. 6	2470. 5	1555. 2	1349. 4	20. 1	16. 14
2020	26096. 36	3290. 4	2998. 5	2095. 9	1845. 2	615. 7	473. 61

资料来源：通过《中国能源统计年鉴》（2001~2011 年）柴油消费数据推算整理而得。

$$V_4 = Q_b \cdot \omega_b \qquad (6.13)$$

其中，Q_b 是生物柴油消费量，ω_b 为生物柴油 CO_2 减排系数。

在 55%原油对外依存度限定下，2015 年生物柴油可弥补空间为 1716 万吨；到 2020 年，对应空间扩大至 6414 万吨。与传统柴油相比，每吨生物柴油减排 2. 5 吨 CO_2。通过测算可知，在 55%对外依存度限定下，2020 年消费使用过程中的生态溢出为 800 亿元以上。具体如表 6-13 所示。

表 6-13 我国生物柴油消费过程中的生态外部性测量 单位：亿元

年份	对外依存度		
	55%	60%	65%
2013	13. 89	—	—
2014	118. 25	—	—
2015	221. 79	—	—

续表

年份	对外依存度		
	55%	60%	65%
2016	323.54	22.69	—
2017	422.32	121.47	—
2018	556.78	255.93	—
2019	692.54	391.69	5
2020	828.74	527.89	141

本章小结

生物柴油产业的发展潜力受到多方面的影响，本章从发展的区域、市场化以及外部性三个方面对生物柴油产业的发展潜力进行了分析。得出了以下结论：第一，生物柴油的发展区域是需要划分等级的，我国内蒙古、四川、云南、河南、贵州、湖南等省份由于在生物柴油供给潜力、柴油的供需缺口、农村人数以及交通便利程度四个指标方面排名都相对靠前，因此被列为优先发展区域。第二，市场潜力对生物柴油产业的发展影响是巨大的。能源安全形势和国民经济的增长使生物柴油需求增加，而供给能力有待提高。以木本油料作物为原料生产生物柴油和以餐饮废油为原料生产生物柴油的价格和化石柴油的价格相比在2009年以后都具备一定的优势。第三，生物柴油产业的发展过程中的外部性。无论从生产的角度还是从消费的角度来看，生物柴油产业发展潜力的实现都会给经济社会带来巨大的外部经济效益。

第七章　资源政策与生物柴油产业的发展

政策的作用效果对生物柴油原料资源的种植者经营决策有着至关重要的影响。政府在此环节中的态度如果是肯定和支持的话，生物柴油产业的发展将变得更有保障。此处我们分析政策对经营者的影响，特别是通过建立模型，以市场机制为基础，把目标变量确定为生产者剩余的经济福利，把工具变量确立为政策，引入产业链的分析角度，通过模拟模型把生物柴油的原料资源的生产与生物柴油产品的生产综合起来进行设计，定量地分析政策对这二者的经济效果和作用。

由于餐饮废油的收集对于政策的反应不是很敏感。这里将主要把培育木本油料树种过程中的生物柴油原料的资源流入量以及相应的存量，主要是人工造林、改造低产林和自然更新等造成的资源产量变化作为政策发挥作用的重点、落脚点。我们需要考察的是在政策实施之后，原料资源产量对应的存、流量变化和这些资源价值量的变化，最终考察的重点还是放在生物柴油产业的经济福利因上述两个变化而产生变化的量。通过分析我们可以知道，衡量政策实施的效果和效率将会是原料资源存、流量以及价值量的变化，即把它们作为目标变量。

第一节　模型设计

各利益主体的经济福利在微观经济学的描述中一般都用生产者剩余来表示，如果把生产者剩余作为目标变量的话，那么工具变量即为政策变量，对生物柴油原料资源生产企业和生物柴油产品生产企业的政策进行模型设计和拟合。

为了便于分析，我们可以把木本油料树种能源林培育、油料作物种植与生产的生产者剩余即经济福利记为 ER_1；利用木本油料植物原料进行生物柴油生产的生产者剩余即经济福利记为 ER_2；同时，因为收益率预期变化导致投资收益率变化而增加的经济福利记为 ER_3，以上三种经济福利都是目标变量。根据经济学定义，行之有效和合理的政策是使利润最大化或效益最大化的政策。经济福利目标在各种政策作用下的公式可以表示为：

$$ER = ER_1 + ER_2 + ER_3 \tag{7.1}$$

从经济学角度来看，影响原料资源生产的经济福利因素不外乎是生物柴油原料产品的价格 $P(Z_p, Z_t, Z_r)$、成本 $C(Z_p, Z_t, Z_r)$，还有原料产品的供需数量 $Q(Z_p, Z_t, Z_r)$。因此，有关生物柴油原料资源的政策工具如价格补贴 Z_p、税收 Z_t、信贷和利率 Z_r 等都会导致价格、成本、供需数量发生变化，从而使原料生产的经济福利发生变动。用公式表示如下：

$$ER = ER_1(P(Z_p, Z_t), C(Z_r)) + ER_2(P(Z_P)) + ER_3(I(Z_p, Z_t, Z_r)) \tag{7.2}$$

其中，I 代表生物柴油产业的投资收益率。这里假设其他政策对生物柴油原料价格的影响相较于其他政策而言忽略不计，价格变化是影响生物柴油的主要因素，此处不考虑除价格政策以外的政策对生物柴油的影响。虽然经营成本的主要影响因素是税收政策，但因为实际操作中税收的计算方法一般是按照收入的一定比率来计算，所以这里主要考察税费对收益的影响而不是常规地考察其对成本的影响。考察经济福利的变化，主要是考察投资收益率的变化，这种变化一般都是通过政策对价格交易量和成本的影响传导过来的，而这种投资收益率的变化容易吸引利益主体，对于能源林建设和地沟油收集产生一定的积极影响，使造林面积和地沟油的收集数量发生相应的变化。

要分析各政策对经济福利的影响，我们可以通过求偏导的方式得到，简化公式得到：

$$\frac{\partial ER}{\partial Z_p}=\frac{\partial ER_1}{\partial P}\cdot\frac{\partial P}{\partial Z_p}+\frac{\partial ER_2}{\partial P}\cdot\frac{\partial P}{\partial Z_p}+\frac{\partial ER_3}{\partial I}\cdot\frac{\partial I}{\partial Z_p} \tag{7.3}$$

$$\frac{\partial ER}{\partial Z_t}=\frac{\partial ER_1}{\partial P}\cdot\frac{\partial P}{\partial Z_t}+\frac{\partial ER_3}{\partial I}\cdot\frac{\partial I}{\partial Z_t} \tag{7.4}$$

$$\frac{\partial ER}{\partial Z_r}=\frac{\partial ER_1}{\partial C}\cdot\frac{\partial C}{\partial Z_r}+\frac{\partial ER_3}{\partial I}\cdot\frac{\partial I}{\partial Z_r} \tag{7.5}$$

因此根据全要素公式的变化，当政策 i 发生变化的时候，相应的经济福利的变化就如下：

$$ER+\frac{\partial ER}{\partial Z_i}=\left(ER_1+\frac{\partial ER_1}{\partial Z_i}\right)+\left(ER_2+\frac{\partial ER_2}{\partial Z_i}\right)+\left(ER_3+\frac{\partial ER_3}{\partial Z_i}\right),\ i=1,\ 2,\ 3 \tag{7.6}$$

我们的目标函数就是要使式（7.6）中的经济福利最大化，从而得到我们所追求的效率与公平兼具的政策。

第二节　生物柴油原料生产经济福利的形成与决定

一、原料需求的模型估计

通常的需求方程按照经济学原理可以模拟为：

$$P=a-bQ \tag{7.7}$$

个体生产企业的需求函数是价格与其他相关变量的函数，其中，价格变动引起的需求量变化的系数是 1/b；其他相关变量与收入、互补品以及替代品的变化会引起函数水平的移动，需求变动系数为 a/b。而市场函数是个体需求函数的水平加总。

二、原料供给的模型估计

（一）供给模型

同样，按照供给方程的经济学原理，我们可以模拟出供给方程为：

$$P=c+dQ \tag{7.8}$$

生物柴油原料的供给数量同样受到原料价格和其他因素变化的影响。作业费用和运输费用等成本变化引起的价格变化带来系数为 1/d 的供给量变化，其他因素带来的系数为 c/d 的供给变化同时导致供给曲线的水平移动。

（二）成本的构成及确定

生物柴油原料生产的总成本包括固定成本和变动成本，变动成本主要影响边际成本，造林费用、管护费用与采运费用（地沟油中就是收集费用）等构成变动成本的主要内容。其中，准备费用和作业费用是造林费用的内容。人力和物资在作业点与居住点之间往返运输的耗费加上时间上的耗费构成准备费用，单位面积费用是其变量。规模面积与作业费用同方向变化，其变量也为单位面积费用。造林费用里面考虑了利率等资金时间价值。单位面积费用也是管护费用的变量，因为它与规模面积也是同向变化的，资金时间价值需要加以考虑。采摘费用和运输费用构成采运费用。面积是影响采摘作业费的主要变量，与其同向变化：单位产出量是运输费用的变量，与运输距离变化呈现一定函数关系。从构成来看，边际成本的变化，具体来说是以上各项变动成本的增量与产出量的比率。

三、政策变化引起经济福利的变化

（一）生物柴油原料生产的经济福利 ER_1 的形成与决定

根据经济学原理，市场产品的价格是由供给和需求函数的均衡来决定的，根据已经模拟给定的生物柴油原料的需求与供给函数，可以计算出原料的均衡价格为：

$$P_0 = c - d \cdot (c-a)/(d+b) \tag{7.9}$$

同时，均衡时生物柴油原料的交易量应为：

$$Q_0 = (c-a)/(d+b) \tag{7.10}$$

如果假定供给弹性为 σ_s 与需求弹性为 σ_d，同时定义生物柴油原料的供给量与需求量的增长率分别为 g_s 和 g_d。那么，在对生物柴油原料需求量与供给量的变化进行考虑的情况下，交易量 Q 在均衡的条件下与价格的相应变化为：

$$Q = (1/\sigma_s + 1/\sigma_d)/[1/\sigma_s(1+g_s) + 1/\sigma_d(1+g_d)]Q_0 \tag{7.11}$$

$$P = P_0(1+1/\sigma_d) - P_0/[\sigma_d(1+g_d)Q_0] \cdot Q \tag{7.12}$$

由此，我们根据福利经济学的原理进行分析得出，当生物柴油的原料政策 Z_i（i=1，2，3）发生变化的时候，将改变原料生产的供给函数，从而影响经济福利。根据以上分析，我们用生产者剩余来表示以地沟油的收集、木本油料树种能源林培育及油料作物生产带来的经济福利 ER_1，可以表达为：

$$ER_1 = PQ(1+Z_p)(1+Z_t) - \int_0^Q (a+bQ)(1+Z_r)dQ \tag{7.13}$$

（二）原材料生产的生物柴油的经济福利 ER_2 的形成与决定

根据道格拉斯函数，我们可以设定生物柴油行业的供给函数为：

$$S_b = \lambda K^{\alpha} L^{\beta} Q^{\gamma} \tag{7.14}$$

其中，S_b、K、L、Q 分别为生物柴油的生产量、资本投入量、劳动力投入量、原料消耗量；λ 为常数项，α、β、γ 分别为 K、L、Q 的生产弹性。

因此，生产成本为：

$$C=r_0K+wL+PQ \tag{7.15}$$

其中，r_0、w、P 分别为资本、劳动力与生物柴油原料的价格。

利润最大化条件如下：

$$r_0K/\alpha=wL/\beta=PQ/\gamma \tag{7.16}$$

由此，可以得出相应的成本函数与边际成本函数，这里省略推算过程。生产要素和资源价格在边际成本函数中的作用体现了生产要素和资源价格对市场的供给能力的影响。为了达到目的，生产函数的参数可以通过收入、成本、固定资产投资、工资等数据来估算得出，生物柴油行业生产的供给曲线也由此得到：

$$P_d=\delta(1+\rho_iZ_p)Q_h^{\tau} \tag{7.17}$$

其中，P_d、Q_h 分别为生物柴油产品的价格、各种生物柴油产品的交易量，ρ_i 为原料 i 在生物柴油成本中的比重，δ、τ为供给函数的参数。

根据福利经济学的分析，用生产者剩余公式表达以各种原料生产生物柴油的经济福利 ER_2 为：

$$ER_2=P_dQ_h-\int_0^{Q_h}\delta(1+\rho_iZ_p)Q_h^{\tau}dQ_h \tag{7.18}$$

（三）投资收益率变化所激励的经济福利 ER_3 的形成与决定

以木本油料作物的果实作为原料生产生物柴油的周期是比较长的，因此需考虑投资收益率的时间价值。投资收益率在原料生产投入过程中的确定应是投资净收益的贴现值与投资数量的比值，加上时间因素，其公式可以表达为：

$$I=\frac{[Q_m(P^T-C_t)e^{-r_1T}-C_{r_1}/r_1(1-e^{-r_1T})]\cdot(1-t+r_2)-K_0}{TK_0} \tag{7.19}$$

其中，I、Q_m、P、C_t 分别为投资收益率、单位面积产量、原材料价格和单位面积产量的采摘和运输费用；e^{-r_1T}、r_1、T、t 分别表示贴现因子、贴现率、项目周期和税费比率；r_2、K_0、C_{r_1} 分别表示为补贴比率、单位面积的投资量和单位面积的运营费用。

对投资收益率的分析可以从两个方面进行：第一，原料作为生产要素在区域范围内在生物柴油企业中得到了反映，因为有生物柴油企业的存在，使原料的销售有了稳定的市场，销售的未知性和不可控性大大减少，培育木本油料和其他原料的企业与生物柴油企业可以采用合作方式，把部分利润转移给原料生产企业，增加原料的产出需求和供给稳定性。第二，原料生产力对投资收益有着非常显著的影响，如果生产原料的土地的生产力超过一定标准，就会导致一般水平的项目投资收益率低于原料生产建设投资收益，此时原料生产建设就会吸引投资者的进入。当改变政策变量时，该原料生产的利润就会随之变化，投资收益率也会发生变化，投资收益率在这种情况下可以表现为：

$$I=\frac{[PQ(1+Z_p)(1+Z_t)-\int_0^Q(a+bQ)(1+Z_r)dQ]Q_m}{Q_I K_I T} \quad (7.20)$$

其中，Q_I 为一定投资面积的原料产出总量。

假定把原料生产面积与投资收益之间的关系定义为一条斜率为负的直线，即一定的收益率与原料种植面积是负相关的，这是因为种植面积越大，会导致越大的预期风险。假若目标投资收益率为 I_0，只要原料生产力大于一定的水平，那么在（0，M_0）这个区间内生产原料都将获得比目标投资收益率大的投资收益，从而吸引投资者进入。现在我们通过调整政策，同样可获得目标投资收益率 I_0，使函数向外移动，从而使区间（0，M_0）增加到（0，M_1），生产面积增加量 $dM=M_1-M_0$ 就是政策的激励作用。具体如图 7-1 所示。

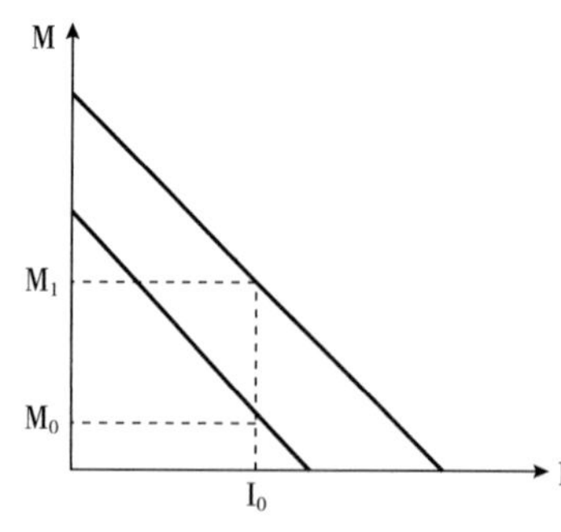

图 7-1　投资收益率与原料种植面积

可以设 $dM=\theta dI$，其中，θ 表示投资收益率的变化使原料种植面积产生的变化。因此，可以用生产者剩余公式表示投资收益率变化所产生的经济福利 ER_3：

$$ER_3=\frac{ER_1}{Q\cdot Q_m\cdot dM}=\frac{PQ(1+Z_p)(1+Z_t)-\int_0^Q(a+bQ)(1+Z_r)dQ}{Q\cdot Q_m\cdot\theta dI} \tag{7.21}$$

（四）政策变化对经济福利的影响

把政策工具如价格补贴 Z_p、税收 Z_t、信贷和利率 Z_r 等考虑到上述经济福利中去的话，我们可以研究政策工具的变化对上述三个经济福利的影响，即分别对 Z_p、Z_t 和 Z_r 进行偏导，最后的计算结果表达式如下：

$$ER(Z_p)=(ER_1+PQdZ_p)+(ER_2+\rho_i\int eQ_h^{\tau}dQ_h)\cdot dZ_p+\frac{ER_1+PQdZ_p}{Q\cdot Q_m\cdot\theta dI(Z_p)} \tag{7.22}$$

$$ER(Z_t)=[(ER_1+PQdZ_t)+ER_2]+\frac{ER_1+PQdZ_t}{Q\cdot Q_m\cdot\theta dI(Z_t)} \tag{7.23}$$

$$ER(Z_r)=[ER_1+\int_0^Q(a+bQ)dQdZ_r+ER_2]+\frac{ER_1+\int_0^Q(a+bQ)dQdZ_r}{Q\cdot Q_m\cdot\theta dI(Z_r)} \tag{7.24}$$

第三节　政策工具对生物柴油生产经济福利影响的实证分析

一、数据的选择与说明

为了选择符合统计意义和经济意义模型的数据，这里以麻疯树资源为例，选取了2020年麻疯树资源在贵州省、广东省、广西壮族自治区、云南省和四川省 5 个主产区的数据（见表 7-1）。原料生产企业的数据以四川攀枝花市的数据为主。

表 7-1　2020 年麻疯树各主要产区的原料消耗及价格

地区	原料的消耗量（吨）	原料的价格（万元）
贵州	9380	1600
四川	7800	1780
云南	7580	2800
广西	6700	2850
广东	6340	2960

资料来源：《中国统计年鉴 2021》。

二、相关函数曲线的估计

（一）估计麻疯树果实资源的需求曲线

原料的资源消耗主要用于生产生物柴油、食用油和其他用处，在对原料需求的影响因素中，原料作物的价格当然是主要影响因素。

我们可以建立需求模型中的双对数线性模型系统如下：

$$\log Q=\varepsilon+\mu\log P$$

利用以上数据在 Eviews 软件程序进行模型估计，计算出原料的价格弹性系数，模型系统结果如下：

$$\log Q=5.776-0.747\log P \qquad (7.25)$$

（10.8711）（-3.060634）

0.0477　0.0014

在 0.05 的置信水平下，各参数和整体模型均通过 t 检验。模型很好地证明了价格与需求的关系，即麻疯树果实的消耗量与其价格成反比，我们可以以这个函数中的价格弹性系数来作为分析麻疯树果实资源需求的基础。

麻疯树的需求曲线可以假定为：

$$P_1 = aq^{-\alpha} \tag{7.26}$$

其中，q 为麻疯树的产量，由于式（7.24）中已经计算出麻疯树果实的价格弹性系数为 0.747，则可以变式（7.25）为：

$$P_1 = aq^{-0.747} \tag{7.27}$$

估算参数 a 的值可以从四川省麻疯树产量和价格数据中得到，2020 年四川省麻疯树果实消耗量为 7800 吨，价格为 1780 元，代入式（7.26）可得：

$$a = \frac{1780^{-0.747}}{7800} = 1438184.7$$

因此，麻疯树的需求曲线的估计值为：

$$P_1 = 1438184.7q^{-0.747} \tag{7.28}$$

（二）估计麻疯树果实的供给曲线

根据经济学原理，供给曲线是通过边际成本函数推导而得到的，麻疯树果实的生产的总成本内容构成包括麻疯树的培育成本、采摘成本、运输成本（包括人力和设备）。通常我们以麻疯树果实的产量为因变量，总成本构成中的运输成本与产量相关，也与距离相关，而培育成本、采摘成本与产量相关。麻疯树生产的边际成本是总成本对产量的导数，因此在麻疯树的边际成本构成中，培育成本、采摘成本设定为固定成本，而运输成本是可变成本且随距离的变化而变化。因此，可以设定麻疯树果实生产的边际成本函数为：

$$MC_1 = \phi + \xi Q \tag{7.29}$$

其中，ξ 为交通方式和距离的函数的影响参数，ϕ 为常数，主要是培育、采摘和税费等对函数的影响系数。

1. 参数 ξ 的计算

假定采伐点至公路的距离为 l，用工时间为 t_m，劳动力工资为 w，麻疯树果实的单位面积产量为 Q_m，面积为 $M = \pi l^2$，那么区域内的麻疯树果实的产量为 $Q = MQ_m = Q_m \pi l^2$。显然，其边际产量为 $dQ = 2Q_m \pi l dl$，边际用工量为

$dW=t_m l^2 dQ_m$，边际用工成本为 $MC_b=wdW=wt_m l^2 dQ_m$。由此可得麻疯树果实的单位边际成本为：

$$MC=\frac{wt_m Q}{\pi Q_m} \tag{7.30}$$

根据忻艳（2018）在四川攀枝花市麻疯树企业的调研数据可知，当地人工工资为 w=50 元/日，运输效率为 $t_m=1.71$ 工作日/吨·千米，根据式（7.29）我们可以计算得出：①如果使用人工运输，那么边际成本函数为：MC=0.102Q。②如果使用车来运输，调研数据中该地区 2010 年麻疯树果实的年产量为 4700 吨，汽车运输平均费用为 1 元/吨·千米，从基地到该地区公路的平均距离为 50 千米，那么车辆运输的边际成本函数为：MC=0.011Q。综合两者的边际成本函数得到运输成本影响的边际成本函数为：

$$MC=0.011Q+0.102Q=0.113Q \tag{7.31}$$

2. 常数 φ 的确定

根据调研数据（见表 7-2），四川攀枝花麻疯树果实每亩产量 0.31 吨，以三年挂果的培育期计算，麻疯树果实单位产量培育成本、采摘成本分别为 778 元、363 元。

表 7-2　四川攀枝花麻疯树果实生产的运营成本

项目	新建育苗	土地整理	移植和栽培	肥料	培育幼苗	合计
单位	株/亩	工作日/亩	工作日/亩	千克/亩	工作日/亩	—
数量	107	3	2	490	3	—
单价（元）	1.4	36	36	2.1	33	—
金额（元）	136.5	117	81	293	121	748.5

资料来源：忻艳（2011）的实地调研数据。

根据当地经验，麻疯树果实的采摘通常是每亩地 2 个工作日，每年采收一次，费用为 50 元/工作日，因此，采收单位费用为 100 元/亩。农林特产税按 6%

的税率计算，2020 年的四川省麻疯树果实的平均价格为 1780 元/吨，得到税费为 107 元/吨。因此，常数 ϕ 可以确定为：$\phi = 778 + 363 + 107 = 1248$。

综合上述计算结果，我们可以得到四川攀枝花麻疯树果实的边际成本函数，也即麻疯树果实生产的供给曲线：

$$MC_2 = P = 1248 + 0.113Q \quad (7.32)$$

3. 估计生物柴油行业的供给曲线

由式（7.14）我们可知生物柴油行业的供给曲线为：$S_b = \lambda K^{\alpha} L^{\beta} Q^{\gamma}$。假定成本费用的 50%来源于原料的购买费用。四川省生物柴油行业经营构成如表 7-3 所示。

表 7-3　四川省生物柴油行业经营构成

年份	产品收益（万元）	固定资产（万元）	职工人数（人）
2015	581	299.33	2930
2016	482	369.3	2964
2017	742	549.36	2977
2018	690	797.64	2968
2019	810	842.56	2950
2020	905	880.38	2928

资料来源：忻艳（2011）的实地调研数据。

根据调研数据、式（7.14）和式（7.32），我们可以计算得到供给曲线中的 λ、α、β、γ 分别为 2.63、0.0374、0.608、0.163。即供给函数为：

$$S_b = 2.63K^{0.0374} L^{0.608} Q^{0.163} \quad (7.33)$$

（三）政策模型的参数估计值

根据以上麻疯树果实的需求函数、供给函数以及生物柴油行业供给曲线的估计数据，我们可以得到模型初始状态的参数值。

按照以上参数值，代入四川攀枝花麻疯树果实的数据，可以得到其初始状态下的经济福利构成，具体如表 7-4 所示。

表 7-4 初始状态下政策模型部分参数指标的值

参数指标	参数值	参数指标	参数值
Z_p	0	Q_i	0.32
Z_t	-6%	Q_m	17783.3
Z_r	10%	K_i	203491
P	1780	T	15
Q	7800	ρ	0.5
a	1248	e	0.472
b	0.113	—	0.345
P_d	7103	w	50
S_b	6742	t_m	1.71

按照以上参数值，代入四川攀枝花麻疯树果实的数据，可以得到其初始状态下的经济福利构成，具体如表 7-5 所示。

表 7-5 初始状态下攀枝花麻疯树果实生产的经济福利构成

ER_1	ER_2	ER_3	ER
-353	1478	0	1125

（四）政策工具变动下经济福利的变化

根据四川攀枝花麻疯树果实的数据，我们已经估算出初始状态下各个参数的值，为了验证政策工具价格 Z_p、税收 Z_t、信贷和利率 Z_r 变动对经济福利的影响，根据式（7.21）、式（7.22）和式（7.23）的含义，我们可以用两种不同的方法来验证政策工具变动对麻疯树果实生产的经济福利的影响。第一种方法是通过假定两种政策不变，变动一种政策，看经济福利的变动情况；第二种方法是在固定税率下，看经济福利在价格变动和税收变动的情况下的变化，找出政策工具参数动态下的经济福利的最优组合。

1. 价格变动（Z_p）下的经济福利的变化

这里我们假定税收 Z_t、信贷和利率 Z_r 不变，只变动原料价格，根据攀枝花麻疯树果实生产的相关数据，我们可以得到的经济福利的构成及结果，如表 7-6 所示。

表 7-6 结果表明，当麻疯树果实的价格下降 10%~50%时，总的经济福利是增加的，而价格上涨 10%~50%时，总的经济福利先减少后缓慢增加。

表 7-6　价格变动对经济福利的构成及变化

价格变动	ER_1	ER_2	ER_3	ER
-50	-758	2266	0	1508
-30	-621	1941	0	1320
-10	-437	1673	0	1236
0	-353	1478	0	1125
10	-158	1028	0	870
30	77	409	307	793
50	285	-42	919	1162

其经济福利的三个构成中，投资收益率变化对经济福利 ER_3 的刺激为零，基本没有变化，而原材料生产的生物柴油的经济福利 ER_2 大幅增加，同时生物柴油原料生产的经济福利 ER_1 大幅减少。这说明，原料价格的减少使原料生产企业的发展受损；而作为生产生物柴油的企业，原料成本是其主要成本，原料价格的降低，无疑会使生物柴油企业的经济福利增加，从而推动生物柴油企业的利润。ER_3 为零说明了投资生物柴油的利润还没有达到投资其他行业的利润，目前还不足以吸引外来企业进入该行业。原料价格增加时情况则有不同，当原料价格上涨幅度在 30%以下的时候，因为原料价格的上涨 ER_1 增加的幅度低于 ER_2 减少的幅度，导致总的经济福利是在减少的；而当原料价格上涨幅度在 30%以上（含 30%）的时候，ER_3 也开始增加，说明原料上涨使行业外企业看到了其中的利润，开始加入到行业竞争中。因此，在 ER_3 和 ER_1 共同增加的情况下，总福利开始缓慢增加。

2. 变动税费（Z_t）对经济福利的变化

为了验证税费对经济福利的影响，我们使原料价格和利率固定，查看不同税率下各经济福利的构成及变化情况，结果如表 7-7 所示。

表 7-7　不同税率下原料生产的经济福利的构成及变化

税率（%）	ER_1	ER_2	ER_3	ER
0	-126	1478	0	1352
1	-182	1478	0	1296
2	-219	1478	0	1259
3	-255	1478	0	1223
4	-273	1478	0	1205
5	-314	1478	0	1164
6	-353	1478	0	1125

从表 7-7 的结果中我们可以看到税费为 0、1%、2%、3%、4%、5%的经济福利的变化，总的经济福利是随着税率的减少而增加的，其构成中，ER_3 一直为零，即没有引起投资收益率产生变化；而 ER_2 也一直固定在初始水平，说明原料的税率对于生物柴油企业没有任何影响，影响主要在 ER_1 上，税率减少，则减少了原料生产者的经营费用，这对于经济福利来说无疑是利好的。

3. 利率变化（Z_r）下经济福利的变化

我们需要考虑静态下利率的变化对麻疯树果实资源生产的经济福利的影响，利率为 0.5%~16%，经济福利的构成及变化如表 7-8 所示。

表 7-8　利率变化下经济福利的构成及变化

利率变动（%）	ER_1	ER_2	ER_3	ER
0.5	-242	1478	0	1236
4.0	-276	1478	0	1202
6.0	-307	1478	0	1171

续表

利率变动（%）	ER_1	ER_2	ER_3	ER
10.0	-353	1478	0	1125
12.0	-385	1478	0	1093
14.0	-431	1478	0	1047
16.0	-482	1478	0	996

从表 7-8 中可以看到，在利率从大到小的变动过程中，总的经济福利是增加的。其构成中，ER_2 是一致固定在初始水平，说明利率的变化对于生产生物柴油企业的经济福利没有产生影响，这主要是因为生物柴油企业的建设周期是比较长的，因此企业贷款的协议期一般较长，很少受到利率的滋扰；而 ER_1 随着利率的减少是在增加的，说明原料生产对资金利息的变化还是比较敏感的。

4. 政策工具参数优化下的经济福利最大化

为了选择出政策工具参数动态变化下经济福利的最优组合，我们首先可以看在税率为 0 和 0.5%的情况下，价格变动与利率变动情况下总经济福利的变化情况，结果如表 7-9 和表 7-10 所示。

表 7-9　税率为 0 的情况下价格变动与利率变动下总经济福利的变化

价格 / 利率（%）	-50%	-30%	-10%	0	10%	30%	50%
0.50	1603	1527	1401	1236	1048	1131	1566
4.00	1568	1451	1314	1202	1032	1098	1482
6.00	1526	1402	1290	1171	1010	1061	1318
10.00	1508	1320	1236	1125	870	793	1162
12.00	1211	1279	1203	1093	803	790	1033
14.00	1103	1176	1177	1047	773	761	985
16.00	1027	1230	1108	996	689	688	965

我们从表 7-9 和表 7-10 中可以看到，在 0 税率下，原料价格下降幅度不大，

且在利率水平低的时候，经济福利显著增加；而在6%的现有税率下，价格变动幅度较大，且在利率水平比较高的时候经济福利显著增加。也就是说，利率水平的减少在任何时候都对经济福利的增加有促进作用。

表 7-10 税率为 0.5%的情况下价格变动与利率变动下总经济福利的变化

利率（%）\ 价格	-50%	-30%	-10%	0	10%	30%	50%
0.50	1611	1870	1896	1715	1298	1480	1802
4.00	1507	1635	1688	1601	1235	1378	1645
6.00	1398	1492	1606	1414	1107	1302	1518
10.00	1350	1424	1528	1402	1072	1266	1450
12.00	1209	1301	1382	1375	1038	1218	1322
14.00	1144	1218	1304	1288	997	1168	1288
16.00	1016	1125	1269	1205	948	1125	1206

根据以上的各种情况，在0税率下，价格减少10%、利率为0.5%时总的经济福利最高，即最优组合。

本章小结

在生物柴油的发展中，原料成本占有很大的比重，原料的发展规模、质量都直接对生物柴油的发展潜力产生影响。而政策也会对原料和生物柴油的生产产生一定的影响。

而政策工具中价格补贴、利率和税费是对生物柴油行业及其原料生产进行调节的有力工具，建立政策对于原料资源生产、生物柴油产品生产的经济福利影响模型，对于量化分析政策的作用来说是非常有效的手段。本章利用数据实证分析经济福利在各种情况下的变化，找出了在最优政策工具下生物柴油及其原料发展的组合，为我国生物柴油的原料的规模化生产和实现生物柴油产业的发展潜力提供了政策支持依据。

第八章　我国生物柴油产业发展的优化策略

前文分别从资源潜力、经济性和政策影响等角度对我国生物柴油的发展潜力进行了相关的论证。资源潜力的分析结果表明，我国生物柴油发展的资源供应能力是巨大的。经济性的分析表明，开发巨大的资源潜力是值得的。政策工具的使用对经济福利的影响则说明了我国生物柴油产业在不同的政策条件下有着不同的发展趋势。本章正是依据以上述内容提出发展我国生物柴油产业的相关策略，为我国生物柴油产业的各经济主体提供决策依据。

第一节　资源开发的优化策略

一、选择重点区域优先资源开发

影响生物柴油资源开发的内在因素其实是市场的供求。资源开发优先权应该给予那些柴油资源供需缺口大且从自然、经济和交通条件来说油料资源丰富的地区。但是，事物的发展变化也离不开外因条件，对于影响生物柴油资源开发的外在因素，本书主要通过经济、环境及政策三个方面来论述。通过分析表明，经济水平越高、环境压力越大以及政策扶持力度越强的地区越有条件开发生物柴油。基于内外因相互作用对市场开发的影响，生物柴油市场开发的区域是有优先顺序的。实证结果表明，在生物柴油供给潜力、柴油的供需缺口、农村人数以及交通便利程度四个指标方面排名都相对靠前的有内蒙古、四川、云南、河南、贵州、湖南，这些省份被列为生物柴油产业的优先发展区域。生物柴油产业化规模不断扩大，市场的成熟度也越来越高，利润的诱惑会吸引其他不同地区逐渐进入该行业，在市场推广使用方面，全国范围的产业布局将会慢慢铺开。

我国木本油料树种资源丰富，分布范围广，种子含油量在40%以上的木本油料作物有150多种，但每种作物的含油量、油脂品质差别较大，具有开发应用价值和推广种植的木本油料作物只有10多种。2020年，《关于科学利用林地资源促进木本粮油和林下经济高质量发展的意见》提出，在南方15省份打造油茶产业融合发展优势区，在西部省份适宜地区积极扩大油橄榄种植，在中原地区统筹推动油用牡丹种植，在北方及西部适宜地区充分发掘仁用杏、榛子等重点树种栽植潜力，在北方干旱区适当发展长柄扁桃、文冠果等树种，在适宜地区积极推广山桐子、元宝枫、银杏、香榧等特色木本粮油树种。到2025年，新增或改造木本粮油经济林5000万亩，总面积保持在3亿亩以上，木本食用油年产量达250万吨。

二、提高资源适应性能力

生物柴油的原料资源分布相对分散，资源品质差异也非常大。生物柴油的原料资源的非能源用途相对较多，生物柴油的原料资源用于能源生产存在一定的不确定性。此外，生物柴油的原料资源的区域分布差异很大。要实现我国生物柴油的产业化，必须要因地制宜，提高资源和技术的配套性和可持续性，提高资源的适应性能力。

提高加工利用水平，拓宽产品深加工链。核桃、油橄榄、油茶等木本油料作物都有很高的经济价值和深加工价值，把提高木本油料的综合利用和精深加工技术作为振兴产业的重要抓手，引导加工企业与相关科研院所建立紧密合作关系，开展高品质精深加工、标准制定与加工技术研究，把产品的多样化作为拉长产业链条和增强产业可持续发展的重要途径，不断开发引领市场需求的新产品，拓宽整个产业链的销售渠道。

加大木本植物油市场宣传和推广力度，充分利用各类媒体、科普基地等，宣传普及木本植物油营养保健知识，为木本油料产业发展创造良好的市场条件。

积极扶持龙头企业的发展，鼓励龙头企业通过各种方式建立原料生产基地，与农民建立多种形式的利益共同体，带动产业的健康发展。大力建设和实施品牌战略，提升木本植物油产品的科技含量和系列产品的附加值。

按照资源化利用、市场化运作、闭环化管理、信息化监控的要求，形成地沟油产生、收集、运输、加工、应用一体化的管理模式。重点抓好“两限制”，一是限制流向，地沟油只能交给具备资质的企业收集、运输，只能交给具备资质的企业加工；二是限制价格，政府物价管理部门会同餐饮行业协会提出地沟油指导价格及最高限价，防止地沟油流向暴利端，保障生物柴油生产企业的原料供应。

第二节　生物柴油企业生产的优化策略

一、对生产管理的重视

生物柴油产业的开发还是一个新领域，虽然生物柴油生产的可行性和前景已

被证明，但复杂的事情其实是实质性的产业开发，这是因为成型的理论体系对于涉农与涉林的产业开发及经营活动还缺乏指导，需要深入和具体地研究生物柴油产业的发展前景。

生物柴油生产企业在向政府提出具体帮助请求时，应充分考虑这个产业在涉农、涉林方面存在的困难，以一般产业的视角来看待生物柴油远远不够，可以将其当成特殊的产业来对待，给予相应的优惠政策，因为生物柴油产业不仅能改善就业和增加农民收入，而且具有一定的生态效益。

生物柴油投资经营活动中的相关管理问题需要投资企业特别注意，首先，“重设备投资，轻管理投入”的管理方式不可取；其次，建设和管理过程中不重视原料生产，而只重视生物柴油产品的生产是片面的。只有在资源培育相关的问题得到明确的认识和解决的前提下，后期的加工设施与设备投入才能开始，否则将具有很大的风险。一般认为，重视涉农、涉林等原料生产环节，充分调查研究，制定管理措施的具体实施方案是比较科学和合理的做法。

二、重视技术的发展

对于促进生物柴油产业的发展来说，一个重要保障是技术的发展。在欧美许多国家，生物柴油的生产都有较为成熟的技术，鲁齐（LURG）、巴斯夫（BASF）等这样的公司都拥有自主的知识产权。我国生物柴油需求市场和原料来源具有规模大与多样化等特点，适合对原料适应强的连续生产工艺进行开发，生物柴油产业发展的关键可以从这方面展开。

第一，技术创新体系建设需要加强。要对关键、核心技术展开创新，加快生产工艺的改进，综合利用副产品，使生物柴油生产成本相应降低，产业的市场竞争力得到提升。把握生物柴油的产品质量及生产效率的关键在于生产工艺，在世界各国生物柴油生产流程及生产工艺不断改进的背景下，引进先进生产技术、加快国内生产技术研发是我们应尽快要做的事，掌握核心与关键技术是我们长期的追求。由于原料成本是生物柴油的生产成本中最主要的部分，对于生物柴油原料的开发，可以在加强原料供应方面（如良种选育和规模化种植）大做文章，由此实现生物柴油原材料成本的降低。

第二，生物柴油消费过程中的技术管理需要加强。生物柴油生产过程在国外特别是欧美国家，对于尾气排放、经济性和车辆动力性能等评价指标的研究和管理十分重视，并制定非常详细的调和比例和销售使用规范，同时产品标准、质量与调和操作手册的总结是系统和全面的，对配套使用设备的结构和材料要求十分严格。对于发达国家的经验我们要借鉴，结合国内的特点，在汽车柴油生产、储运与销售方面建立严格的质量管理规范，并要求有包含储运、销售、售后服务系统等在内的配套措施，相关的操作手册也要一并制定，使零部件损毁与质量受影响等容易在生物柴油消费和推广使用的过程中出现的问题得以避免。

我国生物柴油产业的发展，除了要有充足、低值和高质量的原料供应处，还必须提高生物柴油产率，优化生产工艺，提高生物柴油的生产水平。生物柴油生产的关键技术在于酯交换工艺的改进。现行的经典化学法主要是酸（H_2SO_4）、碱（NaOH 或 KOH）催化酯化反应法。该方法的特点是催化效率高、工艺成熟，缺点是酯化过程中的废酸（碱）液的排放，不利于环境保护，影响生态。因此，在现有基础上，进一步研究一种新的酯交换方法来替代现行的经典方法，是提高生物柴油生产水平的关键所在。

当前研究得较多的酯交换工艺为固体催化剂法，生物酶法，阴、阳离子交换树脂、超临界法等。这些新的酯交换方法必须在保持高催化效果的前提下进行，既克服了化学法酯化过程中的废酸（碱）液的排放，利于环境保护，同时又避免催化剂成本高、使用寿命短等问题。

在研究和开发新的酯交换方法时，可以从以下几个方面着手：

一是以催化活性的高低来选择优良的催化剂，考察催化剂重复利用次数；研究催化脂肪酸与甲醇酯化反应速率，以确定催化制备生物柴油反应动力学模型。

二是以生物柴油转化率和得率为指标，优化连续法树脂催化制备生物柴油最佳工艺参数，包括原料品质的影响、催化剂含水量的影响、油醇摩尔比的影响、反应时间的影响、反应温度的影响、流速的影响等。

三是设计一个全连续的催化制备生物柴油工艺路线和主要设备，并从整体的角度来评价它的各项性能指标。在此基础上，进行中试放大试验来验证路线和主要设备的实用性，考察各操作参数对生物柴油产率的影响，并进行经济可行性评估。开发一套连续制备生物柴油的工业化装置，以推动我国制备生物柴油的工业进程。

此外，还需研究和开发以其他植物油脂、加工下脚料（如菜籽油脚、大豆油脚）、木本油料（如麻疯果、黄连木）等为原料制备生物柴油的工艺及综合加工利用工艺，使生产线能适应各种原料，确保原料的供应。

国内外的研究表明，原料费用、生产工艺、生产规模、生物柴油制取过程中的附属产品是影响生物柴油生产成本的主要因素。例如，以废弃烹饪油为原料生产生物柴油时，酸催化工艺的经济可行性优于碱催化工艺。规模化生产可节约固定资产和管理费用，提高工人和辅助设备的使用效率。然而，生物柴油主要的障碍是生产成本高，其成本大约为石化柴油的 1.5 倍。总成本中 70%~95%是原料费用。

目前在价格上，与石化柴油相比，生物柴油没有优势。解决这一问题可考虑使用“墙内损失墙外补”的办法，对在生产生物柴油的过程中产生的副产物进行进一步深加工，生产更高附加值的产品来弥补生产生物柴油的亏损。如用米糠油生产生物柴油，由于米糠油富含糠甾醇，粗生物柴油（即粗甲酯）经过减压蒸馏获得优质生物柴油后的剩余物可以综合利用，制造高附加值的植物甾醇，用于制药、化妆品、食品等行业。

第三节　市场推广优化策略

一、生物柴油品牌价值的提升

与传统的石油柴油相比，生物柴油的优点很多：是可再生能源，属于环境友好型消费产品，生物柴油的消费不仅无需更换发动机，而且可以起到保护发动机的作用。就目前来说，由于受到原材料和生产成本等因素制约，产品的市场推广困难重重。因此，如何设计适合我国国情的生物柴油产品的市场推广模式是我们需要考虑的重点。我国的生物柴油市场目前属于推广前期，其特点是产品新、品牌还不深入人心。通过市场选择，我们可以通过提升独立价值缓解新能源进入市场初期的竞争压力。由于消费者消费的偏向性，要消除对传统燃料的偏好，需要首先实现传统燃料与新能源单独价值的平衡，确定比传统燃料更加优惠的市场价格是明智的做法，当然这需要政府的补贴。这是一个长期的市场培育过程，需要从宏观层面进行宣传，特别要在传统媒介和新兴媒介中保证强有力的品牌宣传推广。

（一）打造以原料生产地为中心的推广机制

推广区域以原料产地为中心不断向外延伸，最终覆盖所有省份。目前，我国生物柴油的推广试点区域只有海南省，以后推广区域会扩大，这些区域将主要集中于生物柴油生产地，这样的安排是为了降低燃油的运输和存储成本。根据分析结果，我国东部沿海地区的车用燃油消费量明显高于中西部地区，补贴所带来的成本释放空间有利于燃油的快速推广，而且高度城市化和城市群建设所带来的稳定消费有助于上游产业的平稳发展。

（二）高收入居民是新能源推广的主要对象

高收入阶层居民是生物燃料推广的主要对象。我国私人汽车还有广阔的空间，生物柴油汽车的需求前景乐观。生物燃料补贴政策的出台将激发该人群的汽车消费，对试点和推广都有促进作用。可配以购车优惠、保险优惠等吸引高收入者的消费能力。

（三）依托城市广大消费群体逐步深入农村市场

城镇比农村更适合生物燃料的推广。相对于农村消费者，城镇居民有更强的消费能力，并且随着城镇居民生活半径的扩大，消费生物燃料将促进该产业的稳定发展。

建议关注上海市推广应用B5柴油情况，做好经验总结。完善餐厨废弃油脂收集、运输、加工、调合、应用闭环式管理、信息化监控的管理体系。选择推广条件较好的地区（如京津冀地区和长江经济带）建设国家级生物柴油推广应用示范区。

二、加强生物柴油市场竞争力培育体系建设

（一）健全生物柴油的加油站体系建设

在国内，中国石油化工总公司和中国石油天然气集团公司拥有90%以上的加油站，健全包括生物柴油的加油站体系建设是推广生物燃料的关键环节，通过提升消费便利性从而提高消费者对生物燃料的接受度。最有效的方法就是在既有加油站体系的基础上，强制添加生物燃料供给设备，实现与传统燃油的平等竞争。要鼓励各个交通领域试用生物燃料。另外，积极协调与配合与现有的石油销售系统，对现有的储存和加油站点进行合理利用，逐渐实现储存、运输和销售系统的再投资的减少，并完成生物柴油产品的全面市场化推广。

《可再生能源法》第十六条第三款规定："石油销售企业应当按照国务院能源主管部门或者省级人民政府的规定，将符合国家标准的生物液体燃料纳入其燃料销售体系。"建议借鉴欧盟、美国、巴西强制掺混和我国推广乙醇汽油的做法，

一是根据生物柴油产量给中石油、中石化等大型企业下达调合生物柴油的定额指标，并提出指导价格及最低收购价格，配套奖惩办法；二是引导具备成品油销售资质的企业，增加调合、检测等设施，销售 B5 柴油；三是开展试点，支持 3~5 家生物柴油龙头企业获得成品油销售资质。

（二）扩大生物质燃料进入市场的初始规模

生物柴油进入市场需要有一定的初始规模。生物柴油的产量决策需要建立在既有市场份额基础上，被替代产品的市场份额或市场总量越大，对生物柴油的市场推广就越具有明显的遏制作用；被替代产品的市场地位越巩固，替代品生物柴油的市场份额增加的障碍就越大。因此，在试点生物柴油时可以通过局部封闭销售等策略，强制扩大相应区域生物柴油的市场占有率，进而实现推广。

第四节　政府对生物柴油产业发展的扶持

一、明晰产业目标

从能源安全形势和柴油的巨大需求量方面来分析，我国发展生物柴油产业具有可行性。然而，目前我国国家政府针对生物柴油产业的政策不够明晰，这也造成了产业扩张缓慢的现状。实际上，我国发展生物柴油产业的初期只是采用餐饮废油等原料，但由于收集的困难、不法商贩囤积餐饮废油使其回流餐桌，原料的规模始终未能提高，后来国家加强了对生物柴油产业的扶持，在《可再生能源中长期发展规划》中提出了生物柴油利用量的规划，但是面对日益严峻的能源安全和经济增长对原油的持续需求，目前的规划仍然无法实现过度型能源对原油缺口的弥补。为此，国家政府需要从社会发展和能源安全的角度出发，把握经济转型和产业结构调整的契机，明确非粮生物柴油产业的发展目标，确立能够适应我国未来需要的能源供给量。

应把推广应用生物柴油作为未来一段时间的重点民生工程来抓。目前，推广应用生物柴油已具备一些基础条件，如上海市已开始推广应用 B5 柴油，国家质检总局和标准委也发布了 B5 柴油标准（UB 25199—2017）。同时，鉴于生物柴油推广应用较乙醇汽油更具紧迫性，建议参照美国、欧盟、巴西等国家和地区强制推广生物柴油的经验，制订明确的推广应用生物柴油计划和时间表，并借助国家推广乙醇汽油的协调机制或建立更为有效的协调机制，完善配套政策措施和实施细则。

二、加快补贴体系建设

我国政府针对生物柴油还未形成一套有效的补贴政策，即使近年来对产业的扶持有所加强，但到目前为止，具体政策补贴目标模糊、补贴体系结构混乱的情形依然存在，生物柴油产业的扶持力度不够。实际上，我国未来柴油的缺口比汽油缺口更大，更加需要对该产业的深度支持。另外，目前我国补贴体系仅限于对燃料生产环节的补贴，没有涉及非粮原料的开发种植以及最终燃料消费市场行为的补贴，而国际生物柴油主要利用国则更加注重对源头和最终消费的补贴。

生物质燃料产业供应链上存在三个市场，包括原料种植者和燃料生产者组成的原料市场、燃料生产者和燃料销售者组成的燃料供应市场、燃料销售者和生物柴油的消费者组成的最终消费市场。每个市场上参与者对价格的敏感度不同，在政府补贴下的获利也存在区别。完善针对产业链的政府补贴体系十分必要。在生物柴油的发展过程中，要加强对原料生产者和消费者的补贴。

生物柴油产业发展离不开政府的强力推动。美国对生物柴油生产企业实行每升抵免 0. 26 美元税收；欧盟对生物柴油消费每升补贴 0. 39 欧元；意大利、西班牙、瑞典等国完全取消了生物柴油消费税。借鉴国外经验，结合我国实际，本书建议：一是恢复生物柴油生产环节增值税 100%即征即退政策（2010 年为 100%

先征后退，2015 年调降为 70%即征即退），生物重油（生物柴油副产品）同样享受即征即退政策。二是按柴油中添加生物柴油的比例，相应减免成品油消费税。三是由政府性基金牵头设立生物柴油产业股权投资基金，支持龙头企业兼并重组和科技创新。四是通过试点，将生物柴油作为减碳产品，纳入碳排放交易市场。

三、建立健全相关法规

相关法律的建立与健全、法规与政策的配套是非常有必要的，在保障生物柴油产业的发展与销售市场的扩大方面意义重大。从市场推广的角度来看生物柴油产业的相关立法，可以从以下几方面考虑：首先，对于自然资源的开发和利用不能过度，生物柴油作为再生能源的发展需要进一步推广，这样经济、环境、资源的可持续发展才能得以保证。其次，逐步加强汽车尾气排放的控制，要与环境保护法规的要求相匹配，对汽车柴油化的发展给予大力支持，使更多的清洁与可再生的生物燃料在汽车中使用。最后，生物柴油国家标准及检测方法要进行相应的完善，细则要及时制定，对不合格产品在市场上的流通要予以禁止，使生物柴油真正得到推广。

四、加强税收和贷款利率优惠措施

税收的作用在于减少原料生产者和生物柴油生产企业的经营成本，具体的税收优惠可以从以下两个方面展开：一方面，对生物柴油资源的原材料提供税收优惠和减免，降低原材料价格；另一方面，对投资生物柴油产业的原料和产品生产企业及项目提供税收优惠，给予退还全部或部分所得税的优惠政策，或投资抵免。

同时，生物柴油产业中木本油料能源项目具有投入大、投资回收周期长、投资风险高等特点。因此，国家从宏观政策和金融角度出发，在贷款利率上实施优惠政策，这将大力促进木本油料能源资源的发展，从而为生物柴油产业的发展提供有力的支持。

第九章　结论与展望

第一节　结论

本书从测算我国生物柴油的资源潜力和分析影响生物柴油产业发展的诸多因素入手，结合对木本生物柴油的政策效应，对我国生物柴油的发展潜力和策略进行了深入的理论解释。得出的主要结论如下：

第一，交通运输行业柴油巨大的需求和不端攀升的原油对外依存度给能源安全带来了巨大的挑战。而在原油供给方面，不断扩大的对外依存度将制约经济持续增长，寻求石油产品的替代能源已经刻不容缓。从国家能源安全的角度来看，生物柴油产业的发展既能缓解能源安全问题从而保证经济持续增长，又能扩大燃料的供给以振兴我国车用燃料市场。因此，生物柴油产业在我国具有广阔的发展空间。

第二，选择发展生物柴油的原料十分重要。国内外的实践与经验表明，资源禀赋与现实国情使我们必须在现有生物柴油的几种原料中有所取舍，欧盟重点使用油菜籽，而美国则选用大豆。就我国来说，原料的选择就聚焦在了餐饮废油与木本油料作物上。长期来看，木本油料作物将是主要的原料选择。而在木本油料作物中，又可以选择那些出油率、果实产量、自然分布、地理条件等比较适合开发的树种，按照我国的自然地理条件，木本油料作物可以选用麻疯树、黄连木、光皮树、文冠果、油桐和乌柏六种树种。

第三，生物柴油的资源潜力是巨大的。首先，全国边际土地中的宜能荒地数量比较大，适合麻疯树等六种木本油料作物生长的自然条件在这些宜能荒地中都能找得到。按照等级划分宜能荒地并按相应自然条件比例分配种植木本油料作物，可以得到我国木本油料作物的资源潜力约为 3200 万吨。

第四，通过测算，餐饮废油的资源潜力约为 150 万吨。对于餐饮废油的测算可以分为两部分：一部分是在餐饮企业里回收的餐饮废油；另一部分是在城市建成社区和成熟居民聚集地回收到的家庭烹饪废弃油脂。两部分的资源潜力目前来说差不多。餐饮废油的资源潜力随着油水分离设置的安装和政府有关部门的监督将会呈现稳步增长的态势。

第五，区域的条件对生物柴油的发展是有制约性的。因此生物柴油产业需要选择有优势的区域来发展。就木本油料资源而言，其分散在全国不同的省份，要把这些资源潜力转化成现实的产量，区域的不同对其有着影响。对于生物柴油的生产而言，产生级差地租的区域需要优先得到发展。如果我们把影响生物柴油发展区域选择的指标确定为该地区的柴油需求量、木本油料资源的供给潜力、交通条件和农村人口的话，可以综合测评全国各省区的条件，得出适合优先发展、基础发展和暂不发展的具体省份与区域。而就餐饮废油来说，其收集的特点决定了发展的区域只能选择在中东部的大中型城市。

第六，通过生物柴油生产企业的经营性分析可知，以麻疯树、黄连木为代表的木本油料作物和餐饮废油为原料生产生物柴油的生产成本构成中，原料成本在总成本中的比例都在 70%以上。同时，与传统石化柴油相比，以上三种原料生产的生物柴油在2009年以后具有价格竞争力。

第七，通过对生物柴油产业的发展外部性进行分析可知，生物柴油产业发展中生产和消费过程都会产生巨大的外部经济性。在生产过程中，产业的发展对劳动力的需求可以促进农民增收，种植过程中可以产生涵养水源、固态氧氮等生态溢出的正外部性；而在消费过程中，产业的消费对能源供需缺口的补充给经济总量带来较大的正外部性，同时生物柴油的消费也会带来二氧化碳减排的生态溢出。

第八，不同政策对产业的发展有着不同的影响。通过建立资源政策与原料生产经济福利的模型，以四川攀枝花市麻疯树项目的数据为例进行实证分析，结果表明，如果同时选用价格补贴、税收政策和贷款利率三种政策工具的话，会对原料的价格实行有效限制，税率减免和低贷款利率的政策对生物柴油的生产经济福利有较大幅度的提高。

第九，基于生物柴油的巨大资源潜力，通过区域、经营风险、外部性和资源政策同产业发展的关系，得出了我国发展生物柴油产业的优化策略。具体是在资源开发上，一是需要按照区域发展的优先次序进行资源开发；二是要提升资源的适应性。而对于生物柴油企业来说，必须重视生产管理，加强技术研究。在市场推广方面，要着重提升生物柴油的品牌价值，加强产品市场竞争力的培育。在政府的支持方面，要制定明确的产能目标，建立可行的补贴体系，并健全和完善相关法规。

第二节　研究展望

本书在前人研究的基础上，分析了我国生物柴油产业的发展潜力和策略问题，以潜力的测算为切入点，得出我国具备进一步发展生物柴油产业条件的结论。由于我国的生物柴油产业发展处于起步阶段，可收集到的数据和相关资料有限，因此在研究中较多地运用了估算和推导等方法进行模拟研究，在准确性上稍显不足。由于本书较多地使用模拟分析的方法探讨生物柴油在我国发展的可行性，将发展潜力所涉及的内容量化，在这个过程中难免会出现误差。同时，在既有研究上，还可以进行以下深化研究：

第一，目前我国生物柴油企业公开的数据有限，对于生物柴油的产业发展方面，原料和生物柴油产品生产的合理规模应该是多少，值得进一步去研究。

第二，土地对于原料资源潜力的影响毋庸置疑，土地潜力的实现将关乎原料资源潜力的实现，这个是后续需要研究的方向。

第三，生物柴油的定价不只有生产成本一个影响因素，怎样形成一个合理的定价机制也是需要深度研究的问题。

第四，生物柴油产业发展政策的细化，即补贴、税收和利率等政策工具的对象、量化也是一个值得研究的问题。

参考文献

［1］ Apra M. Oil price shock, energy prices and inflation：A comparison of Austria and the EU ［J］. Monetary Policy and the Economics, 2006 （20）：53-77.

［2］ Asafu-Adjaye J. The relationship between energy consumption, energy prices and economic growth：Time series evidence from Asian developing countries ［J］. Energy Economies, 2000 （22）：615-625.

［3］ Balke N. S., Fomby T. B. Threshold cointegration ［J］. International Economic Review, 1997 （38）：627-645.

［4］ Braun J. V. The world food situation：New driving forces and required actions ［J］. Food Policy Report, 2007 （18）：1-27.

［5］ Brown S. R. A., Yucel M. K. Energy prices and aggregate economic activity：An interpretative survey ［J］. Quarterly Review of Economies and Finance, 2002 （42）：193-208.

［6］ Bruce G. Fuel ethanol subsidies and farm price support ［J］. Journal of Agricultural & Food Industrial Organization, 2007 （5）：1-20.

［7］ Burbidge J., Harrison A. Testing for the effects of oil-price rises using vector auto regression ［J］. International Economic Review, 1984 （25）：459-484.

[8] Ceylan H., Ozturk H. K. Estimating energy demand of Turkey based on economic indicators using genetic algorithm approach [J]. Energy Conversion and Management, 2004, 45 (15): 2525-2537.

[9] Cheng B. L., Lai T. W. An investigation of cointegration and causality between energy consumption and economic activity in Taiwan [J]. Energy Economics, 1997 (19): 435-444.

[10] Cornillie J., Fankhauser S. The energy intensity of transition countries [J]. Energy Economics, 2004 (26): 283-295.

[11] Daryll E. R. Biomass and bioenergy applications of the polysys modeling framework [J]. Biomass and Bioenergy, 2000 (18): 29-35.

[12] Denison E. F. Why growth rates differ: Post-war experience in nine western countries [M]. Washington: Brookings Institution, 1967.

[13] Doroodian K., Boyd R. The linkage between oil price shocks and economic growth with inflation in the presence of technological advances: A CGE model [J]. Energy Policy, 2003 (31): 989-1006.

[14] Du X. D., Dermot J., Baker M. A welfare analysis of the U. S. ethanol subsidy [R]. Iowa State University Working Paper, 2008.

[15] Enders W., Sikios P. L. Cointegration and threshold adjustment [J]. Journal of Business and Economic Statistics, 2001 (19): 166-176.

[16] Erol U., Yu E. S. H. On the causal relationship between energy and income for industrializing countries [J]. Journal of Energy and Development, 1987 (13): 113-122.

[17] Galbe M., Zacchi G. Pretreament of lignocellulosic materials for efficient bioethanol production [J]. Advances in Biochemical Engineering & Biotechnology, 2007 (108): 41-65.

[18] Gangopadhyay S., Ramaswami B., Wadhwa W. Reducing subsidies on household fuels in India: How will it affect the poor? [J]. Energy Policy, 2005 (33): 2326-2336.

[19] Glasure Y. U., Lee A. R. Cointegration, error-correction, and the relationship between GDP and energy: The ease of South Korea and Singapore [J]. Resource and Energy Economies, 1997 (20): 17-25.

[20] Griffin J., Gregory P. An intercountry translog model of energy substitution responses [J]. American Economic Review, 1978, 66 (5): 845-857.

[21] Haldenbilen S., Ceylan H. Genetic algorithm approach to estimate transport energy demand in Turkey [J]. Energy Policy, 2005, 33 (1): 89-98.

[22] Hamilton J. D. Oil and the macro economy since World War Ⅱ [J]. Journal of Political Economy, 1983 (91): 228-248.

[23] Hannesson R. Energy use and GDP growth, 1950-1997 [J]. OPEC Review, 2002 (3): 215-233.

[24] Hillring. National strategies for stimulating the use of bioenergy: Policy instruments in Sweden [J]. Biomass and Bioenergy, 1988 (14): 45-49.

[25] Hiromi Yalnamoto, Kenji Yamaji. Evaluation of bioenergy potential with a multi-regional global-land-use-and-energy model [J]. Biomass and Bioenergy, 2001 (21): 185-203.

[26] Hondroyiannis G., Lolos S., Papapetrou E. Energy consumption and economic growth: Assessing the evidence from Greece [J]. Energy Economies, 2002 (24): 319-336.

[27] Hong Y., Yuan Z., Liu J. G. Land and water requirements of biofuel and implications for food supply and the environment in China [J]. Energy Policy, 2009, 37 (5): 1876-1885.

[28] Huang J. K., Qiu H. G., Yang J. Biofuel development, regional agricultural intensification and land use changes in China [R]. 27th International Conference of Agricultural Economists Working Paper, 2009.

[29] Hunt J. G., Judge G., Ninomiya Y. Underlying trends and seasonality in UK energy demand: A sectoral analysis [J]. Energy Economics, 2003, 25 (1): 93-118.

[30] IFPRI. Biofuel production in developing countries [R]. Working Paper, 2006.

[31] Janulis P. Reduction of energy consumption in biodiesel fuel life cycle [J]. Renewable Energy, 2004 (4): 861-871.

[32] Jeffrey S. T. Iogen's process for producing ethanol from cellulosic biomass [J]. Clean Technologies Environmental Policy, 2002 (3): 339-345.

[33] Johansson T. B. Renewable energy: Sources for fuels and electricity [M]. Washington: Island Press, 1993.

[34] Jorgenson D. W. Productivity and economic growth [J]. International Comparisons of Ecmonic Growth, 1995 (2): 78-110.

[35] Joseph F., Jason H., Tilman D., Polasky S., Hawhtorne P. Land clearing and the biofuel carbon debt [J]. Science, 2008 (319): 1235-1238.

[36] Kadam K. Environmental life cycle implications of using bagasse-derived ethanol as a gasoline Oxygenate in Mumbai (Bombay) [EB/OL]. https://www.nrel.gov/docs/fy0losti/28705.pdf. renewable energy lab., Golden, Colorado, 2000.

[37] Katz M. L., Shapiro C. Network externalities, competition and compatibility [J]. The American Economic Review, 1985, 75 (3): 424-440.

[38] Kraft J., Kraft A. On the relationship between energy and GNP [J]. Journal of Energy and Development, 1978 (3): 401-403.

[39] Lawrenee J. Hill, Stanton W. Hadley. Federal tax effects on the financial attractiveness of renewable versus conventional power plants [J]. Energy Policy, 1995, 23 (7): 593-597.

[40] Lin B. Q., Jiang Z. J. Estimates of energy subsidies in China and impact of energy subsidy reform [J]. Energy Economics, 2011 (33): 273-283.

[41] Lee K., Ni S. On the dynamic effects of oil price shocks: A study using industry level data [J]. Journal of Monetary Economics, 2002 (49): 823-852.

[42] Lucas R. E. On the mechanics of economic development [J]. Journal of Monetary Economics, 1988 (22): 3-42.

[43] Macedo I. C., Leal M., Sliva J. Assessment of greenhouse gas emissions in the production and use of fuel ethanol in Brazil [R]. Report to the Government of the State of Sao Paulo, 2004.

[44] Marland G., Obersteiner M. Large-scale biomass for energy, with considerations and cautions: An editorial comment [J]. Climatic Change, 2008 (87): 335-342.

[45] Mark G., Agapi S. Food, bio-energy and trade: An economy-wide assessment of renewable fuels [D]. Conference on Biofuels, Feed Tradeoffs, 2007 (4): 12-13.

[46] Marshall A. Principles of economics [M]. London: Unabridged, 1920.

[47] Mork K. A. Oil and the macroeconomy when prices go up and down: An extension of Hamilton's results [J]. Journal of Political Economy, 1989 (97): 740-744.

[48] Mory J. E. Oil prices and economic activity: Is the relationship symmetric? [J]. The Energy Journal, 1993, 14 (4): 151-161.

[49] OECD. Biofuel support policies: An economic assessment [J]. Agricul-

ture & Food, 2008 (12): 1-149.

[50] Oh W., Lee K. Causal relationship between energy consumption and GDP revisited: The case of Korea 1970 - 1999 [J]. Energy Economies, 2004 (26): 51-59.

[51] Paula S., Bhattacharyab R. Causality between energy consumption and economic growth in India: A note on conflicting results [J]. Energy Economies, 2004 (26): 977-983.

[52] Pigou A. C. The economies of welfare [M]. London: Macmillan, 1924.

[53] Pimentel D., Patzek T. Ethanol production using corn, swithchgrass, and wood; biodiesel production using soybean and sunflower [J]. Natural Resources Research, 2005 (1): 65-76.

[54] Rask K. N. Clean air and renewable fuels: The market for fuel ethanol in the US from 1984 to 1993 [J]. Energy Economics, 1998, 20 (3): 325-345.

[55] Rask K. N. The social costs of ethanol production in Brazil: 1978-1987 [J]. Economic Development and Cultural Change, 1995, 43 (3): 627-649.

[56] Rave. Wind power and the finance industry [J]. Renewable Energy, 1999 (9): 23-31.

[57] Romer P. Endogenous technological change [J]. Journal of Political Economy, 1990, 98 (5): 71-102.

[58] Sandrine L., Valerie M. The impact of oil prices on GDP in European countries: An empirical investigation based on asymmetric cointegration [J]. Energy Policy, 2006 (34): 3910-3915.

[59] Sheehan J., Camobreco V., Duffield J., Graboski M., Shapouri H. An overview of biodiesel and petrolenm diesel life cycles [EB/OL]. http: //www. osti. gov/biblio/1218368.

[60] Solow R. Technical change and the aggregate production function [J]. The Review of Economics and Statistics, 1957 (39): 312-320.

[61] Stuber G. The changing effects of energy-price shocks on economic activity and inflation [J]. Bank of Canada Review, 2001 (Summer): 3-14.

[62] Sue I. Explaining the declining energy intensity of the US ceonomy [J]. Resource and Energy Economics, 2008 (30): 21-49.

[63] Tiffancy D. G., Eidman V. R. Factors associated with the success of fuel ethanol production [J]. Staff Paper, 2003 (3): 3-7.

[64] Taheripour F., Tyner W. Ethanol subsidies, who gets the benefits? [EB/OL]. http: //www. large. stanford. edu/courses/2011/ph240/chanl/docs/taheripour. pdf.

[65] Tietenberg T. Environmental and natural resource economies [M]. Massachusetts: Addison-Wesley Publishing Company, 2000.

[66] Tyner W. E., Quear J. Comparison of a fixed and variable corn ethanol subsidy [J]. Choices, 2006 (21): 100-202.

[67] Tyner W. E., Taheripour F. Future biofuels policy alternatives [J]. Biofuels, Food and Feed Tradeoffs Conference, 2007a (2): 13-32.

[68] Tyner W. E., Taheripour F. Renewable energy policy alternative for future [J]. American Journal of Agricultural Ecnomics, 2007b, 89 (5): 1303-1310.

[69] Weidou N., Johansson T. B. Energy for sustainable development in China [J]. Energy Policy, 2004, 32 (10): 1225-1229.

[70] Wiser P. Steven. Financing investments in renewable energy: The impacts of policy design [J]. Renewable and Sustainable Energy Reviews, 1998, 2 (4): 361-386.

[71] Yang J., Qiu H. G., Huang J. K., Rozelle S. Fighting global food price rises in the developing world: The response of China and its effect on domestic and world

markets [J]. Agricultural Economics, 2008 (39): 453-464.

[72] Young A. Gold into base metals productivity growth in the People's Republic of China during the reform period [EB/OL]. http: //www. journals. uchicago. edu/doi/10. 1086/378532.

[73] Yu E. S. H. , Hwang B. K. The relationship between energy and GNP: Further results [J]. Energy Economics, 1984 (6): 168-169.

[74] 安永磊，唐唯森，高松. 酶法催化餐饮废油制备生物柴油的研究 [J]. 吉林大学学报（地球科学版），2006 (11): 147-150.

[75] 曹俐，吴方卫. 欧盟生物燃料补贴政策演进、经验与启示 [J]. 经济问题探索，2011 (10): 175-181.

[76] 曹历娟. 发展生物质能源对我国粮食安全和能源安全影响的一般均衡分析——以燃料乙醇为例 [D]. 南京：南京农业大学，2009.

[77] 曹湘洪. 我国生物能源产业健康发展的对策思考 [J]. 化工进展，2007 (7): 905-913.

[78] 曹彦军. 发展油菜籽生物柴油对主要农作物的影响研究：一个局部均衡模型 [D]. 武汉：华中农业大学，2008.

[79] 曹忠宇. 含氮氧化物（NO_X）工业废气治理 [J]. 石油化工环境保护，1999 (1): 47-51.

[80] 陈丹，钱光人. 上海废弃食用油脂产生量预测研究 [J]. 环境卫生工程，2005 (13): 41-43.

[81] 陈凯，汤新云. 中国经济增长中能源消费的计量分析 [J]. 统计与决策，2008 (23): 122-124.

[82] 陈书通. 我国未来经济增长与能源消费关系分析 [J]. 中国工业经济，1996 (9): 21-26.

[83] 陈伟，刘清，张军. 发展生物质燃料的利益与风险 [J]. 中国油脂，

2008（1）：1-5.

［84］陈仲新，张新时. 中国生态系统效益的价值［J］. 科学通报，2000（1）：17-22.

［85］程毛林. 基于生产函数的我国经济增长预测模型［J］. 统计与决策，2010（20）：34-36.

［86］程品，高健，李刚. 关于地沟油资源化利用的探究［J］. 中国环境管理，2011（6）：23-25.

［87］戴杜，刘荣厚，浦耿强，王成焘. 中国生物质燃料乙醇项目能量生产效率评估［J］. 农业工程学报，2005（11）：121-123.

［88］邓可蕴. 21世纪我国生物质能发展战略［J］. 中国电力，2000（9）：82-84.

［89］丁一. 生物质液体燃料对我国石油安全的贡献［D］. 郑州：河南农业大学，2007.

［90］范英. 我国发展液态生物质燃料产业的路径与策略研究——基于社会收益和社会成本的视角［D］. 上海：上海财经大学，2011.

［91］范英，吴方卫. 中国液态生物质燃料产业发展的间接社会收益分析［J］. 长江流域资源与环境，2011（12）：1426-1431.

［92］范英，吴方卫，尚登贤. 中国液态生物质燃料的潜力测算［J］. 中国人口·资源与环境，2011（10）：160-166.

［93］冯亮明，肖友智. 造林再造林碳汇项目的成本收益分析［J］. 林业经济问题，2008（5）：405-409.

［94］符瑜，潘学标，高浩. 中国黄连木的地理分布与生境气候特征分析［J］. 中国农业气象，2009（3）：318-322.

［95］龚志民. 基于我国能源缺口模型的能源可持续发展探析［J］. 能源技术与管理，2006（1）：113-115.

［96］侯建飞. 高等教育投资的成本收益分析——以个人为主体对象的研究［D］.

重庆：重庆工商大学，2008.

［97］侯新村，左海涛，牟洪香.能源植物黄连木在我国的地理分布规律［J］.生态环境学报，2010，19（5）：1160-1164.

［98］胡宗智，彭虎成，赵小蓉，周丽琴.餐饮废油的回收利用研究进展［J］.中国资源综合利用，2009（1）：16-18.

［99］黄季焜，仇焕广.我国生物燃料乙醇发展的社会经济影响及发展战略与对策研究［M］.北京：科学出版社，2010.

［100］寇建平，等.中国宜能荒地资源调查与评价［J］.可再生能源，2008，26（6）：3-9.

［101］李东，王子芳，郑杰炳，高明.紫色丘陵区不同土地利用方式下土壤有机质和全量氮磷钾含量状况［J］.土壤通报，2009（4）：310-314.

［102］李虹，谢明华.化石能源补贴改革对城镇居民生活影响的区域差异性研究［J］.中国工业经济，2010（9）：37-46.

［103］李玲玉，杨艳丽，张培栋.中国农村生物质能消费的 CO_2 排放量估算［J］.可再生能源，2009（4）：91-95.

［104］李鹏，谭向勇.粮食直接补贴政策对农民种粮净收益的影响分析——以安徽省为例［J］.农业技术经济，2006（1）：44-48.

［105］李远发，梁葵华，王凌晖.麻疯树资源分布及其应用研究［J］.广西农业科学，2009（40）：311-314.

［106］李向宏，何凡，林盛，范鸿雁，华敏，潘亚东.海南麻疯树资源及其开发利用研究［J］.热带农业科学，2009（6）：37-41.

［107］李植华.我国在1995年前后将出现能源缺口［J］.中国科技论坛，1988（2）：46-48.

［108］林伯强.中国能源需求的经济计量分析［J］.统计研究，2001（10）：34-39.

[109] 林伯强. 电力消费与中国经济增长：基于生产函数的研究 [J]. 管理世界，2003（11）：19-27.

[110] 林伯强. 节能减排：能源经济学理论和政策实践 [J]. 国际石油经济，2008（7）：23-31.

[111] 林伯强，王锋. 能源价格上涨对中国一般价格水平的影响 [J]. 经济研究，2009（12）：66-79.

[112] 林伯强，姚昕，刘希颖. 节能和碳排放约束下的中国能源结构战略调整 [J]. 中国社会科学，2010（1）：58-71.

[113] 林成. 从市场失灵到政府失灵：外部性理论及其政策的演进 [D]. 沈阳：辽宁大学，2007.

[114] 刘玲. 农村剩余劳动力向乡镇企业转移的成本收益分析 [D]. 咸阳：西北农林科技大学，2010.

[115] 刘刚，沈镭. 中国生物质能源的定量评价及其地理分布 [J]. 自然资源学报，2007，22（1）：9-19.

[116] 刘轩. 中国木本油料能源树种资源开发潜力与产业发展研究 [D]. 北京：北京林业大学，2011.

[117] 陆胜利. 世界能源问题与中国能源安全研究 [D]. 北京：中共中央党校，2011.

[118] 马冠生，郝利楠，李艳平，等. 中国成年居民食用油消费现状 [J]. 中国食物与营养，2008（9）：29-32.

[119] 马宁. 高等教育个人投资成本收益分析 [D]. 西安：西安建筑科技大学，2008.

[120] 宁云才. 煤炭需求预测的复合小波神经网络模型 [J]. 煤炭学报，2003，28（1）：108-112.

[121] 齐绍洲，李锴. 区域部门经济增长与能源强度差异收敛分析 [J]. 经

济研究，2010（2）：109-122.

［122］齐稚平，姜成人. 中央银行金融危机救助的成本—收益分析［J］. 生态经济，2011（5）：89-94.

［123］仇焕广，杨军，黄季焜. 生物燃料乙醇发展及其对近期粮食价格上涨的影响分析［J］. 农业经济问题，2009（1）：80-85.

［124］沈金雄，傅廷栋，涂金星，马朝芝. 中国油菜生产及遗传改良潜力与油菜生物柴油发展前景［J］. 华中农业大学学报，2007（12）：894-899.

［125］沈亚芳. 生物燃料乙醇发展与中国粮食安全问题研究［D］. 上海：上海财经大学，2008.

［126］石元春，汪燮卿，尹伟伦. 中国可再生能源发展战略研究丛书生物质能卷［M］. 北京：中国电力出版社，2008.

［127］宋安东，裴广庆，王风芹，闫德冉，冯冲. 中国燃料乙醇生产用原料的多元化探索［J］. 农业工程学报，2008（3）：302-307.

［128］宋安东，任天宝，张百良. 玉米秸秆生产燃料乙醇的经济性分析［J］. 农业工程学报，2010（6）：283-286.

［129］宿胜. 土地整理项目的经济学分析［D］. 泰安：山东农业大学，2010.

［130］孙永明，袁振宏，孙振钧. 中国生物质能源与生物质利用现状与展望［J］. 可再生能源，2006（2）：78-82.

［131］孙振钧. 中国生物质产业及发展取向［J］. 农业工程学报，2004，20（5）：1-5.

［132］陶波，曹明奎，李克让，等. 1981~2000 年中国陆地净生态系统生产力空间格局及其变化［J］. 中国科学（D 辑），2006，36（12）：1131-1139.

［133］陶磊. 能源要素与经济增长模型及实证研究［D］. 成都：西南交通大学，2008.

［134］田宜水，孙丽英，赵立欣. 我国生物燃料乙醇产业发展条件分析［J］. 中

国高校科技与产业化，2008（3）：72-75.

［135］童晓光，赵林，汪如朗. 对中国石油对外依存度问题的思考［J］. 经济与管理研究，2009（1）：60-65.

［136］王汉中. 发展油菜生物柴油的潜力、问题与对策［J］. 中国油料作物学报，2005（2）：34-37.

［137］王建. 浅议林业生物质能源树种黄连木的种植前景［J］. 科技信息，2010（23）：399.

［138］王立杰，孙继湖. 基于灰色系统理论的煤炭需求预测模型［J］. 煤炭学报，2002，27（3）：333-336.

［139］王立勇. 东北三省 R&D 投入对潜在产出贡献率的比较研究——基于面板数据的经验分析［J］. 中国软科学，2008（4）：81-87.

［140］王欧. 中国生物质能源开发利用现状及发展政策与未来趋势［J］. 中国农村经济，2007（7）：10-15.

［141］王茜. 河北省能源消费与经济增长的实证分析［D］. 保定：河北大学，2009.

［142］王文泉，叶剑秋，李开绵，朱文丽. 中国木薯酒精生产现状及其产业发展关键技术——广西、海南木薯考察报告［J］. 热带农业科学，2006（26）：44-49.

［143］王秀云，邹文智，王森. 油品市场价格分析与测算［J］. 石油化工技术经济，2002（6）：10-18.

［144］王子博. 论中国的产出缺口与宏观经济运行［J］. 商场现代化，2009（2）：353-354.

［145］王仲颖，赵永强，张正敏. 中国生物液态燃料发展战略与政策［M］. 北京：化学工业出版社，2010.

［146］汪淅锋，沈月琴. 基于农户的竹林经营模式及成本收益分析——以浙江省为例［J］. 林业经济问题，2010（12）：482-485.

［147］魏斌贤. 经济增长的能源障碍分析与对策［J］. 中国软科学，1996（6）：49-55.

［148］吴长文，王礼先. 林地土壤孔隙的贮水性能分析［J］. 水土保持研究，1995，2（1）：77-79.

［149］吴传钧，郭焕成. 中国土地利用［M］. 北京：科学出版社，1994.

［150］吴方卫. 都市农业发展报告（2008）［M］. 上海：上海财经大学出版社，2008.

［151］吴方卫. 液态生物质燃料发展的社会经济影响分析［M］. 上海：上海财经大学出版社，2010.

［152］吴方卫，陈凯，赖涪林，薛宇峰. 都市农业经济分析［M］. 上海：上海财经大学出版社，2007.

［153］吴方卫，付畅. 我国未来经济发展中成品油与原油需求估算［J］. 上海财经大学学报，2011（6）：72-79.

［154］吴方卫，汤新云. 液态生物质燃料发展与农林资源综合开发［J］. 农业经济与管理，2010（1）：52-61.

［155］吴伟光，黄季焜. 林业生物柴油原料麻疯树种植的经济可行性分析［J］. 中国农村经济，2010（7）：57-63.

［156］吴伟光，仇焕广，黄季焜. 全球生物乙醇发展现状、可能影响与我国的对策分析［J］. 中国软科学，2009（3）：29.

［157］吴伟光，仇焕广，徐志刚. 生物柴油发展现状、影响与展望［J］. 农业工程学报，2009（3）：298-302.

［158］吴利学. 中国能源效率波动：理论解释、数值模拟及政策含义［J］. 经济研究，2009（5）：130-142.

［159］肖国安. 粮食直接补贴政策的经济学解析［J］. 中国农村经济，2005（3）：12-17.

［160］忻艳. 我国木本油料能源资源政策研究［D］. 北京：北京林业大学，2011.

［161］谢铭，李肖. 广西木薯生物燃料乙醇产业发展分析［J］. 江苏农业科学，2010（3）：471-474.

［162］谢童伟，吴方卫. 粮食利润及补贴估算与最佳补贴方式分析——基于动态最优化视角［J］. 农业技术经济，2011（1）：42-47.

［163］许庆，范英. 预期原油供给威胁与外部价格传导——一个液态生物质能源缓解能源安全危机的视角［J］. 世界经济文汇，2011（4）：107-120.

［164］许庆，汤新云. 我国液态生物质燃料适度发展规模研究——一个宏观经济视角的理论分析［J］. 上海经济研究，2010（9）：26-28.

［165］徐增让，成升魁，谢高地. 甜高粱的适生区及能源资源潜力研究［J］. 可再生能源，2010，28（4）：118-122.

［166］薛达元，包浩生，李文华. 长白山自然保护区森林生态系统间接经济价值评估［J］. 中国环境科学，1999，19（3）：247-252.

［167］闫家鹏. 大气污染治理设施运行成本分析［J］. 黑龙江科技信息，2009（28）：217.

［168］姚专，侯飞. 我国生物柴油的发展现状与前景分析［J］. 粮食与食品工业，2006（4）：34-37.

［169］袁展汽，肖运萍，刘仁根，等. 江西省适宜种植能源作物的边际土地资源分析及评价［J］. 江西农业科学，2008（1）：92-94.

［170］袁振宏，罗文，吕鹏梅，等. 生物质能产业现状及发展前景［J］. 化工进展，2009，28（10）：1687-1692.

［171］袁振宏，吕鹏梅. 我国液态生物质液体燃料发展现状和前景分析［J］. 太阳能，2007（6）：5-10.

［172］赵娥. 我国木本生物柴油市场潜力及优先开发区域选择研究［D］. 北

京：北京林业大学，2011.

［173］靳胜英，张礼安，张福琴. 我国可用于生产燃料乙醇的秸秆资源分析［J］. 可持续发展，2008（9）：51-55.

［174］张百良，丁一. 中国生物质能发展中几个问题研究［J］. 科学中国人，2007（4）：38-41.

［175］张彩霞，谢高地，李士美，盖力强. 中国甘薯乙醇的资源潜力及空间分布［J］. 资源科学，2010，32（3）：505-511.

［176］张迪，张凤荣，安萍莉，刘黎明. 中国现阶段后备耕地资源经济供给能力分析［J］. 资源科学，2004，26（5）：46-52.

［177］张东菊，刘俊伟，田秉晖. 北京市秸秆资源潜力及利用状况分析［J］. 安徽农业科学，2010，38（16）：8592-8594.

［178］张凤荣，郭力娜，关小克，等. 生态安全观下耕地后备资源评价指标体系探讨［J］. 中国土地科学，2009，23（9）：4-8.

［179］张明慧，李永峰. 论我国能源与经济增长关系［J］. 工业技术经济，2004（8）：77-80.

［180］张锦华，吴方卫. 资源禀赋、安全约束与路径选择——生物质能源发展的国际比较与中国策略［J］. 上海财经大学学报，2008，10（2）：55-62.

［181］张文龙. 基于边际土地利用的能源安全策略——以中国能源植物种植为例［J］. 可再生能源，2010（12）：112-117.

［182］张予峰. 福建省能源消费与经济可持续发展研究［D］. 福州：福建师范大学，2008.

［183］赵涛，尹彦，李晅煜. 能源与经济增长的相关性研究［J］. 西安电子科技大学学报（社会科学版），2009（1）：33-39.

［184］郑永宏. 沧州滨海区盐碱地整理模式研究——以孟村回族自治县辛店镇土地整理项目为例［D］. 石家庄：河北师范大学，2004.

［185］中国—全球环境基金干旱生态系统土地退化防治伙伴关系，中国—全球干旱区土地退化评估项目. 中国干旱地区土地退化防治最佳实践［M］. 北京：中国林业出版社，2008.

［186］周勤，赵静，盛巧燕. 中国能源补贴政策形成和出口产品竞争优势的关系研究［J］. 中国工业经济，2011（3）：47-56.

［187］周星，陈立功，刘利，王新选. 高动物油含量餐饮废油制备生物柴油［J］. 后勤工程学院学报，2010（7）：35-39.

附　录

附表1　我国能源和原油消费情况

年份	原油消费量（万吨）	可供消费的石油总量中进口数量（万吨）	可供消费的石油总量中出口数量（万吨）	能源总消费量（万吨标准煤）	能源总进口量（万吨标准煤）	能源总出口量（万吨标准煤）
1990	11485. 6	755. 6	3110. 4	98703	1310	5875
1991	12383. 5	1249. 5	2930. 7	103783	2022	5819
1992	13353. 7	2124. 7	2859. 6	109170	3334	5633
1993	14721. 3	3615. 7	2506. 5	115993	5492	5341
1994	14956	2903. 3	2380. 2	122737	4342	5772
1995	16064. 9	3673. 2	2454. 5	131176	5456	6776
1996	17436. 2	4536. 9	2696	135192	6837	7529
1997	19691. 7	6787	2815. 2	135909	9964	7663
1998	19817. 8	5738. 7	2326. 5	136184	8474	7153
1999	21072. 9	6483. 3	1643. 5	140569	9513	6477
2000	22439. 3	9748. 5	2172. 1	145531	14334	9633
2001	22838. 3	9118. 2	2046. 7	150406	13471	11145
2002	24779. 8	10269. 3	2139. 2	159431	15769	11695
2003	27126. 1	13189. 6	2540. 8	183792	20048	12989
2004	31699. 9	17291. 3	2240. 6	213456	26593	11646
2005	32535. 4	17163. 2	2888. 1	235997	26952	11448

续表

年份	原油消费量（万吨）	可供消费的石油总量中进口数量（万吨）	可供消费的石油总量中出口数量（万吨）	能源总消费量（万吨标准煤）	能源总进口量（万吨标准煤）	能源总出口量（万吨标准煤）
2006	34875.9	19453	2626.2	258676	31171	10925
2007	36570.1	21139.4	2664.3	280508	34904	10298
2008	37570	23015.5	2945.7	291448	36764	9955
2009	38000	24678	3125	306647	38642	8964

附表 2　国际原油价格和我国各类价格指数

年份	国际原油价格	原材料燃料动力购进价格指数	工业品出厂价格指数	居民消费价格指数
	2009 年美元（美元/桶）	1990 年 = 100	1990 年 = 100	1990 年 = 100
1990	38.94	100	100.0	100.0
1991	31.51	109.1	106.2	103.4
1992	29.54	121.1	113.5	110.0
1993	25.20	163.6	140.7	126.2
1994	22.90	193.4	168.1	156.7
1995	23.95	222.9	193.1	183.4
1996	28.26	231.6	198.7	198.7
1997	25.52	234.6	198.1	204.2
1998	16.74	224.7	190.0	202.6
1999	23.14	217.3	185.4	199.7
2000	35.50	228.4	190.6	200.6
2001	29.61	227.9	188.2	201.9
2002	29.84	222.7	184.0	200.3
2003	33.62	233.4	188.2	202.7
2004	43.46	260.0	199.7	210.6
2005	59.89	281.6	209.6	214.4
2006	69.32	298.5	215.8	217.7
2007	74.90	311.6	222.5	228.1
2008	96.91	344.3	237.9	241.5
2009	61.67	317.2	225.0	239.8

附表3　世界主要国家石油生产量

单位：百万加仑

国家＼年份	1990	1991	1992	1993	1994	1995	1996	1997	1998	1999	2000	2001	2002	2003	2004	2005	2006	2007	2008	2009
中国	138.3	141.0	142.0	144.0	146.1	149.0	158.5	160.1	160.2	160.2	162.6	164.8	166.9	169.6	174.1	180.8	183.7	186.7	195.1	189.0
巴西	32.3	31.9	32.3	32.9	34.3	35.5	40.2	43.0	49.8	56.3	63.2	66.3	74.4	77.0	76.5	84.6	89.2	90.4	93.9	100.4
美国	416.6	422.9	413.0	397.0	387.5	383.6	382.1	380.0	368.1	352.6	352.6	349.2	346.8	338.4	329.2	313.3	310.2	309.8	304.9	325.3
法国	0.0	0.0	0.0	0.0	0.0	0.0	0.0	0.0	0.0	0.0	0.0	0.0	0.0	0.0	0.0	0.0	0.0	0.0	0.0	0.0
德国	0.0	0.0	0.0	0.0	0.0	0.0	0.0	0.0	0.0	0.0	0.0	0.0	0.0	0.0	0.0	0.0	0.0	0.0	0.0	0.0
印度	34.2	32.2	29.2	27.9	32.4	36.6	34.8	35.6	34.7	34.6	34.2	34.1	35.2	35.4	36.3	34.6	35.8	36.1	36.1	35.4
菲律宾	0.0	0.0	0.0	0.0	0.0	0.0	0.0	0.0	0.0	0.0	0.0	0.0	0.0	0.0	0.0	0.0	0.0	0.0	0.0	0.0
泰国	2.5	3.0	3.6	3.7	3.7	3.6	4.1	4.8	5.0	5.4	7.0	7.5	8.2	9.6	9.1	10.8	11.8	12.5	13.3	13.6

附表4　世界主要国家石油消费量

单位：百万加仑

国家＼年份	1990	1991	1992	1993	1994	1995	1996	1997	1998	1999	2000	2001	2002	2003	2004	2005	2006	2007	2008	2009
中国	112.8	121.8	132.4	145.8	148.1	160.2	173.8	196.0	197.0	209.6	223.6	227.9	247.4	271.7	318.9	327.8	347.7	364.4	380.3	404.6
巴西	64.3	65.1	68.0	69.1	72.4	76.1	81.3	86.8	90.0	92.5	91.6	92.9	91.6	87.8	88.4	89.5	92.1	99.0	104.8	104.3
美国	781.8	765.6	782.2	789.3	809.8	807.7	836.5	848.0	863.8	888.9	897.6	896.1	897.4	912.3	948.8	951.4	943.8	942.3	888.5	842.9
法国	89.4	94.6	94.4	91.1	88.2	89.0	91.0	91.7	95.0	96.4	94.9	95.5	92.9	93.1	94.0	93.1	93.0	91.4	90.8	87.5
德国	127.3	133.1	134.3	136.3	135.1	135.1	137.4	136.5	136.6	132.4	129.8	131.6	127.4	125.1	124.0	122.4	123.6	112.5	118.9	113.9
印度	57.9	58.9	62.1	62.7	67.4	75.2	81.1	86.5	92.5	100.3	106.1	107.0	111.3	113.1	120.2	119.6	120.4	132.9	143.6	148.5
菲律宾	11.5	11.1	13.7	14.1	14.9	16.8	17.5	18.8	19.1	18.0	16.6	16.5	15.5	15.5	15.9	14.8	13.3	14.0	12.2	12.1
泰国	19.6	21.5	23.6	26.8	30.1	35.0	37.4	38.5	36.0	37.2	36.7	35.4	38.3	40.9	45.3	46.9	46.2	45.1	43.6	44.2

附表 5　世界主要国家石油进口量

单位：百万加仑

年份 国家	1990	1991	1992	1993	1994	1995	1996	1997	1998	1999	2000	2001	2002	2003	2004	2005	2006	2007	2008	2009
中国	-25.46	-19.14	-9.67	1.75	2.03	11.16	15.28	35.92	36.87	49.38	61.01	63.06	80.54	102.13	144.82	146.97	163.98	177.71	185.21	215.60
巴西	32.00	33.21	35.69	36.18	38.06	40.56	41.14	43.78	40.24	36.26	28.44	26.56	17.26	10.82	11.91	4.89	2.95	8.63	10.90	3.95
美国	365.22	342.66	369.22	392.32	422.26	424.16	454.46	468.05	495.62	536.29	545.04	546.87	550.51	573.85	619.58	638.07	633.58	632.55	583.54	517.56
法国	89.40	94.65	94.44	91.09	88.23	89.04	91.00	91.66	94.98	96.45	94.94	95.45	92.88	93.09	94.05	93.06	92.99	91.43	90.84	87.46
德国	127.28	133.14	134.34	136.32	135.14	135.15	137.36	136.45	136.59	132.40	129.78	131.59	127.43	125.13	123.98	122.40	123.55	112.49	118.88	113.88
印度	23.77	26.72	32.89	34.79	35.01	38.59	46.26	50.92	57.83	65.69	71.98	72.88	76.02	77.68	83.82	84.97	84.63	96.79	107.45	113.11
菲律宾	11.49	11.13	13.68	14.09	14.90	16.80	17.54	18.84	19.05	18.02	16.58	16.49	15.54	15.49	15.91	14.77	13.26	13.96	12.21	12.15
泰国	17.11	18.56	20.00	23.13	26.33	31.40	33.34	33.69	31.04	31.80	29.70	27.91	30.16	31.28	36.18	36.11	34.44	32.54	30.33	30.54

附表 6　世界主要国家石油对外依存度

单位:%

年份 国家	1990	1991	1992	1993	1994	1995	1996	1997	1998	1999	2000	2001	2002	2003	2004	2005	2006	2007	2008	2009
中国	-22.57	-15.71	-7.30	1.20	1.37	6.97	8.79	18.32	18.71	23.56	27.28	27.67	32.56	37.59	45.42	44.83	47.17	48.77	48.71	53.29
巴西	49.80	51.02	52.47	52.37	52.60	53.29	50.61	50.42	44.70	39.19	31.05	28.60	18.84	12.32	13.48	5.47	3.20	8.72	10.40	3.79
美国	46.71	44.76	47.20	49.70	52.15	52.51	54.33	55.19	57.38	60.33	60.72	61.03	61.35	62.90	65.30	67.07	67.13	67.13	65.68	61.40
法国	100	100	100	100	100	100	100	100	100	100	100	100	100	100	100	100	100	100	100	100
德国	100	100	100	100	100	100	100	100	100	100	100	100	100	100	100	100	100	100	100	100
印度	41.03	45.37	52.98	55.52	51.95	51.29	57.07	58.86	62.50	65.49	67.81	68.13	68.33	68.70	69.76	71.06	70.29	72.82	74.83	76.17
菲律宾	100	100	100	100	100	100	100	100	100	100	100	100	100	100	100	100	100	100	100	100
泰国	87.10	86.24	84.84	86.17	87.57	89.83	89.08	87.42	86.14	85.38	80.96	78.77	78.72	76.53	79.94	76.92	74.52	72.20	69.58	69.11

附表 7　世界部分国家和地区生物柴油产业生产和出口情况

单位：百万加仑

类别	国家	2005 年	2006 年	2007 年	2008 年	2009 年	2010 年
生产	阿根廷	5.28	5.28	54.16	227.21	354.03	554.82
	巴西	0.19	18.23	106.82	308.36	424.85	647.29
	欧盟	887.88	1416.12	1801.85	2327.61	2538.97	3091.15
	美国	106.6	256.33	475.87	602.74	480.07	553.42
	印度尼西亚	2.4	21.01	30.02	27.02	24.02	25.36
净出口	阿根廷	—	—	48.88	206.08	343.46	369.88
	巴西	-0.8	-0.09	-0.29	-0.94	-0.42	0.26
	欧盟	-15.76	-18.49	-280.05	-515.19	-494.06	-558.78
	美国	0.09	21.18	148.48	307.35	183.12	84.74
	印度尼西亚	1.8	13.81	24.02	24.02	21.01	20.93
	马来西亚	—	—	28.52	54.64	68.15	33.9
净进口	欧盟	15.76	18.49	280.05	515.19	494.06	558.78
	日本	3.71	5.08	3.84	3.78	3.06	3.56

附表 8　宜能荒地分等定级评价指标

评价指标		Ⅰ等	Ⅱ等	Ⅲ等	非宜能荒地
坡面坡度（°）		<7	7~15	15~25	>25
土层有效厚度（cm）	华南区、四川盆地和长江中下游区	>70	70~50	50~20	<20
	云贵高原区	>60	60~30	30~10	<10
	黄淮海区和东北区	>80	80~50	50~30	<30
	黄土高原区、内蒙古半干旱区和西北干旱区	>100	100~60	60~30	<30
	青藏高原区	>100	100~50	50~30	<30
土质	—	壤土	黏土、沙壤土	重黏土、沙土	沙质土、砾质土
土壤盐碱化度（%）	黄淮海区和东北区和黄土高原区	无盐碱化（土壤含盐总量<0.3，Cl^-<0.02，SO_4^-<0.1）	轻盐碱化（土壤含盐总量 0.3~0.5，Cl^- 0.02~0.04，SO_4^- 0.1~0.3）	中强度盐碱化（土壤含盐总量 0.5~2.0，Cl^- 0.04~0.20，SO_4^- 0.3~0.6）	盐土（土壤含盐总量>2.0，Cl^->0.20，SO_4^->0.6）

续表

评价指标		Ⅰ等	Ⅱ等	Ⅲ等	非宜能荒地
土壤盐碱化度（%）	青藏高原区和西北干旱区	无盐碱化或轻盐碱化（土壤含盐总量<0.5，Cl^-<0.04，SO_4^-<0.30）	中度盐碱化（土壤含盐总量0.5~1.0，Cl^- 0.04~0.10，SO_4^- 0.30~0.40）	强度盐碱化（土壤含盐总量1.0~2.0，Cl^- 0.10~0.20，SO_4^- 0.40~0.60）	盐土（土壤含盐总量>2.0，Cl^->0.20，SO_4^->0.60）
水分条件	—	旱作较稳定或有稳定灌溉条件的干旱、半干旱土地，有水源保证的南方田土	灌溉水源保证差的干旱、半干旱土地，水源保证差的南方田土	无水源保证、旱作不稳定的半干旱土地，无水源保证的南方田土	无灌溉水源保证、不能旱作的干旱土地
温度条件	华南区、四川盆地和长江中下游区	亚热带作物正常发育	亚热带作物生长受一定影响	亚热带作物生长受严重影响	亚热带作物不能生长
	云贵高原区	低海拔或中海拔地区	较高海拔地区，耐寒作物不稳定	高海拔地区，耐寒作物不稳定	高海拔地区，耐寒作物不能发育
	黄土高原区、西北干旱区和东北区	耐寒作物生育稳定	耐寒作物生育不稳定	耐寒作物很不稳定	—
	青藏高原区	—	≥10℃，积温为700~1400℃，耐寒作物稳定	≥10℃，积温<700℃，耐寒作物很不稳定	耐寒作物不能生长

附表9 我国总体经济情况

年份	国内生产总值	居民消费价格指数	能源生产总量（万吨标准煤）	能源消费量（万吨标准煤）	全社会固定资产投资总额（亿元）	就业人口（万人）
	现值	1978年=100				
1990	18667.8	216.4	103922	98703	4517	64749
1991	21781.5	223.8	104844	103783	5594.5	65491
1992	26923.5	238.1	107256	109170	8080.1	66152
1993	35333.9	273.1	111059	115993	13072.3	66808
1994	48197.9	339	118729	122737	17042.1	67455
1995	60793.7	396.9	129034	131176	20019.3	68065
1996	71176.6	429.9	133032	135192	22913.5	68950

续表

年份	国内生产总值	居民消费价格指数	能源生产总量(万吨标准煤)	能源消费量（万吨标准煤）	全社会固定资产投资总额（亿元）	就业人口（万人）
	现值	1978 年 = 100				
1997	78973	441.9	133460	135909	24941.1	69820
1998	84402.3	438.4	129834	136184	28406.2	70637
1999	89677.1	432.2	131935	140569	29854.7	71394
2000	99214.6	434	135048	145531	32917.7	72085
2001	109655.2	437	143875	150406	37213.5	73025
2002	120332.7	433.5	150656	159431	43499.9	73740
2003	135822.8	438.7	171906	183792	55566.6	74432
2004	159878.3	455.8	196648	213456	70477.4	75200
2005	184937.4	464	216219	235997	88773.6	75825
2006	216314.4	471	232167	258676	109998.2	76400
2007	265810.3	493.6	247279	280508	137323.9	76990
2008	314045.4	522.7	260552	291448	172828.4	77480
2009	340903	519	274618	306647	224598.8	77995
2010	403260	536.1	296916	324939	278121.9	78388